北京市东城区校外"三个一"优秀成果

北京市东城区青少年"文化. 传承2030工程"项目成果

北京市东城区青少年科技馆"科学科幻笔友会"项目成果

Qingshaonian Yanzhongde
Zhongguo Gudai Keji

青少年眼中的
中国古代科技

北京市东城区青少年科技馆 / 组织编写

U0336045

知识产权出版社

全国百佳图书出版单位

—北 京—

图书在版编目（CIP）数据

青少年眼中的中国古代科技 / 北京市东城区青少年科技馆组织编写． — 北京：知识产权出版社，2020.4
ISBN 978-7-5130-6686-0

Ⅰ．①青… Ⅱ．①北… Ⅲ．①科学技术－技术史－中国－古代－青少年读物 Ⅳ．①N092-49

中国版本图书馆 CIP 数据核字 (2019) 第 299255 号

责任编辑：张 珑 苑 菲　　　　　　　　　　责任印制：刘译文

青少年眼中的中国古代科技

北京市东城区青少年科技馆组织编写

出版发行：**知识产权出版社**有限责任公司	网　址：http://www.ipph.cn
	http://www.laichushu.com
电　话：010-82004826	
社　址：北京市海淀区气象路 50 号院	邮　编：100081
责编电话：010-82000860 转 8574	责编邮箱：laichushu@cnipr.com
发行电话：010-82000860 转 8101	发行传真：010-82000893
印　刷：三河市国英印务有限公司	经　销：各大网上书店、新华书店及相关专业书店
开　本：787mm×1092mm　1/16	印　张：15.25
版　次：2020 年 4 月第 1 版	印　次：2020 年 4 月第 1 次印刷
字　数：250 千字	定　价：78.00 元

ISBN 978-7-5130-6686-0

前言

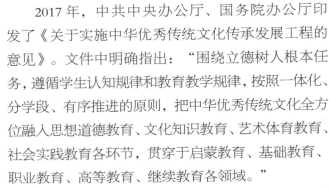

2017年，中共中央办公厅、国务院办公厅印发了《关于实施中华优秀传统文化传承发展工程的意见》。文件中明确指出："围绕立德树人根本任务，遵循学生认知规律和教育教学规律，按照一体化、分学段、有序推进的原则，把中华优秀传统文化全方位融入思想道德教育、文化知识教育、艺术体育教育、社会实践教育各环节，贯穿于启蒙教育、基础教育、职业教育、高等教育、继续教育各领域。"

北京市东城区青少年科技馆近几年来一直在探索科技教育和传统文化的融合，开展了许多丰富多彩的科普实践活动，涉及东城区50余所学校，万余名学生。同时，在过程中也积累了很多教育资源、专家资源和宝贵经验。2019年北京市东城区青少年科技馆策划实施了"探秘中国古代科技发明创造"科普实践活动，旨在引导东城区青少年深入了解中国古代科技发明创造，培养探究精神，提升核心素养。实现科技与传统文化的融合，传承民族智慧，弘扬传统文化。

中国拥有五千年悠久灿烂的文明，在世界文明史上占有举足轻重的地位。而中国古代科技也在绵延数千年的发展中，保持着世界领先地位，令后人敬畏与景仰。如何让孩子们更好地去感受中国古代科技之美？如何帮孩子们拉近历史与现实的距离，在继承中创新，在思考中成长？我们发布了"东城区青少

年探秘中国古代科技发明创造科普实践活动——华夏科技小特工"招募令。来自东城区的 20 余所中小学校的学生们走进博物馆、科技馆、图书馆，观察、了解中国古代科技发明创造，用手写或手绘的方式将自己的发现、思考、收获记录在了笔记上。这些发明创造不仅仅是科技馆、博物馆里的展品，它们还承载了古代和当今大量的科技与文化因素，具有丰富的学习和探究价值。2019 年 3 月—5 月我们对 16 所中小学校的孩子们进行了古代科技发明创造科学探究的指导：通过主题确定，方案评估，提出假设、实验验证，科学方法、工程方法学习，展板设计，研究报告撰写等内容，指导孩子们深入研究古代科技创新，关注其科学内容及科学逻辑，挖掘其在生活实践中解决的问题的核心本质，让孩子们在一系列实验和研究中来了解一个事物，回答一个问题，研究一个原理，完成一个任务，最终目的不是向他们奉献知识，而是引导他们去探究、去发现，培养主动思维及创新能力。

解锁古代科技，探寻先人智慧！这是北京市东城区青少年科技馆设计实施"探秘中国古代科技发明创造"科普实践活动的初心。"探秘中国古代科技发明创造"科普实践活动历经"科学笔记征集""古代科技探究""古代科技科普讲座""专家视频微课录制"等系列活动，呈现出一批可喜的育人成果。《青少年眼中的中国古代科技》即是在上述系列活动开展后所呈现的众多成果之一。希望通过本书的出版，让更多的青少年了解先人智慧成果，提升创新精神和实践能力，在更多孩子心中种下未来科学家的种子！

周心悦　沈淮
2019 年 12 月　北京

目录

第一章　农耕织造　　1

纺　车　　3

风扇车、记里鼓车、染色机等机械　　10

京西稻　　19

龙骨水车　　31

活塞式风箱　　44

第二章　天文计时　　51

水运仪象台　　53

漏　刻　　78

第三章　交通交流　　93

指南针　　95

古代造纸术　　110

第四章	建　筑	123
斗　拱		125
榫　卯		128
拱　桥		137

第五章	军　事	147
火药与火器		149
弩　机		160

第六章	器　具	169
青铜铸造		171

目　录

目录

第七章　医药学　185

　　针灸铜人　187

第八章　创意花车　193

　　STEM+ 创意花车　194

侦探笔记集萃　203

后　记　233

大家好，我的名字叫"立方小子"，是一名科技小侦探。

在漫长的历史长河中，我们的祖先以东方人独有的智慧发现自然规律，提升技术水平，用自己的聪明才智创造出美好的生活。中国人的"创新"从一万年前就开始并领先世界，它们深深影响着历史进程。同学们，你们知道中国古代有哪些辉煌灿烂的科技文化成果吗？这些科技发明创造背后又蕴含了哪些科学道理？它们对我们今天的生活产生了怎样的影响？

别着急，就让我这个科技小侦探去一探究竟吧。为了更好地完成本次任务，我还发布了"中国古代科技小侦探"招募令，招募了一批热爱科技、喜欢探究的"小侦探"。让我们一起来看一看，这些小侦探们都侦察到了哪些线索吧。

第一章

农耕织造

侦探征集令

　　"衣食住行""衣食无忧"，这些家喻户晓的词语向我们传达出一个重要的信息——穿衣、吃饭是我们生活的基本需求。中国是一个传统的农业国家，中国是丝绸的故乡。我们的祖先在劳动实践中创造工具、改造自然、改善生活、创造美，一步步建立起生生不息的家园。

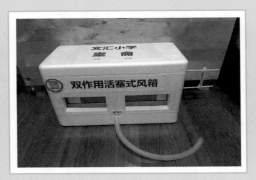

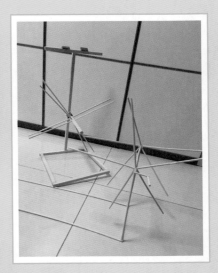

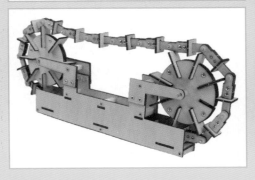

纺 车

侦 探 笔 记

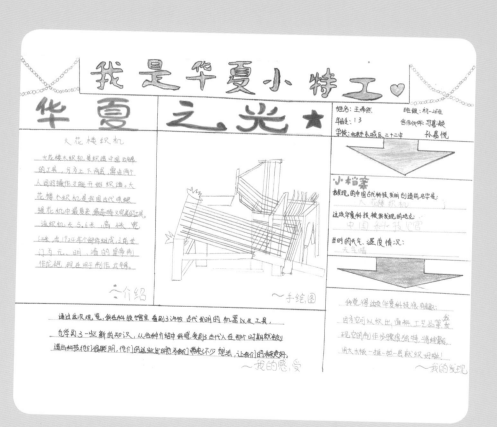

大花楼织机　北京市第二十二中学　王希然

第一章　农耕织造

3

手摇纺车:

手摇纺车据推测约出现于战国时期,名叫纬车。常见由木架、锭子、绳轮和手柄4部分组成,另有一种锭子装在绳轮上的手摇多锭纺车。

纺车出现原因:

纺轮的加捻纺纱操作是间歇进行的,首先用纺轮的回转惯性进行加捻,然后将捻好的纱线缠绕到另一根轴杆上。时间题多,为了解决问题发明了纺车。

纺车传入欧洲、

有一种纺车的祖先,比纺车传入欧洲的时间更早一些,就是卷纬机。原本纺车是属于卷纬机的一部分,但在公元11世纪棉花的栽培已遍及全国,因为处理棉纱,纺车便从卷纬机中分化出来了。后来,纺车传到其他地方,似乎代替了卷纬机的重大地位,变得更加于泛了。

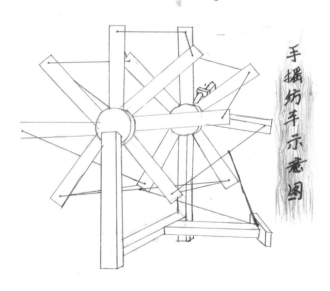

手摇纺车示意图

手摇纺车　北京市第一六六中学附属校尉胡同小学　谢家一

手摇纺车

北京市第一六六中学附属校尉胡同小学

谢家一　徐蕙婕　吕思涵

一、研究背景

以前我在网上浏览电子博物馆，看到有一件展品叫"灵鹫纹锦袍"，它是一件十分珍贵的文物，就算用现在高超的机器也难以仿制出来。我就产生了一个疑惑：古代的纺车按理来说应该没有现在的机器先进，可为什么它就能做出这么漂亮的衣服呢？正因为有了这个疑问，我们才开始研究古代的纺车，其中又重点研究了较有代表性的手摇纺车。

二、方案

（1）收集资料；

（2）制作模型，实验研究；

（3）不同类型纺车优势对比；

（4）分析结论。

三、研究方法

收集资料、实验、对比。

四、研究过程

（一）阅读资料

1. 纺车简介

纺车是采用纤维材料，如毛、棉、麻、丝等原料，通过人工机械传动，利用旋转抽丝延长的工艺生产线或纱的设备。纺车通常有一个用手或脚驱动的轮子和一个纱锭。

2. 纺车分类

中国古代纺纱工具分手摇纺车、脚踏纺车、大纺车等几种类型。手摇纺车就是其中一种。

3. 手摇纺车简介

手摇纺车据推测约出现在战国时期，也称轺车、纬车和繀车。常由木架、锭子、绳轮和手柄4部分组成，另有一种锭子装在绳轮上的手摇多锭纺车。

手摇纺车的主要机构：锭子、绳轮和手柄。常见的手摇纺车是锭子在左，绳轮和手柄在右，中间用绳弦传动，称为卧式。另一种手摇纺车，则是把锭子安装在绳轮之上，也是用绳弦传动，称为立式。卧式由一人操作，而立式需要两人同时配合操作。

4. 历史记载

关于纺车的文献记载最早见于西汉扬雄的《方言》，记有"𬌗车"和"道轨"。兽锭纺车最早的图像见于山东临沂银雀、山西汉帛画和汉画像石。到目前为止，已经发现的有关纺织图不下八块，其中刻有纺车图的有四块。1956年江苏铜山洪楼出土的画像石上面刻有几个形态生动的人物正在织布、纺纱和调丝的图像，它展示了一幅汉代纺织生产活动的情景。这就可以看出纺车在汉代已经成为普遍的纺纱工具。

（二）实验

1. 内容

通过模型研究手摇纺车的科学原理；研究手摇纺车与脚踏纺车的不同。

2. 实验材料

彩笔、彩卡纸、胶枪、木棍、吸管和一次性筷子。

3. 实验过程

搜集资料并整理；制作模型（卧式、立式）；完成三折板；完成PPT；完成研究报告。

4. 记录

手柄底面周长为1.6cm；锭子底面周长为1.5cm。根据实验和计算得出二者的旋转关系见下表。

手柄转数	1	15/16 圈 0.9375 圈
锭子缠绕数	16/15 圈 1.06666667 圈	1

如果手柄转1圈，锭子上则会缠绕1.06666667圈，也就是16/15圈。

如果想让锭子上缠绕1圈，手柄只需要转0.9375圈，也就是15/16圈。

5. 结论

原理：轮轴、轴带轮。

轮轴：顾名思义是由"轮"和"轴"组成的系统。该系统能绕共轴线旋转，相当于以轴心为支点、半径为杆的杠杆系统。所以，轮轴能够改变扭力的力矩，从而达到改变扭力的大小。

轴带轮：如自行车后轮；轮带轴：如汽车方向盘；轮轴互不带：如自行车前轮。

（三）手摇纺车与脚踏纺车的对比

不同纺车	人力	单人工作强度	用料，价格	工作效率	稳定性
卧式手摇纺车	1（少）	一般	低	一般	较高
立式手摇纺车	2（多）	低	中等	一般	一般
脚踏纺车	1（少）	较高	高	较高	较高

由此可见，手摇纺车的用料、工作强度都大于脚踏纺车；稳定性和人力等于脚踏纺车；工作效率低于脚踏纺车。

五、研究结论

手摇纺车运用了轮轴的科学原理。

手摇纺车是最便民、最省财力物力的，手摇纺车也因此成为古代老百姓几乎家家必有的一件物品。

六、进一步思考

手摇纺车类似于滑轮，手摇纺车的原理也在鱼竿、蒸汽火车的轮子、自行车传动装置上体现了。

● 侦探感言

　　上学期我和徐蕙婕还有谢家一，一起完成了手摇纺车这个项目的三折板制作及演讲。这次活动让我懂得了很多！

　　一是我对中国传统科技有了更为深刻的了解，而之前我对这种事情可谓是知之甚少，就像我们介绍过的"灵鹫纹锦袍"和"素纱禅衣"，之前我只知道这是两件非常珍贵的文物，现在我知道了这两件衣服中的"素纱禅衣"就连现在的科技水平都无法复制，而当时压根就没有现在这么先进的纺织工具，全都是用纺车一点一点做出来的。而且就连目前最为接近原件重量的复制品都比原件重了几克，可见中国传统科技之博大精深。

二是做事一定要细心，而且很多事是功到自然成，没有付出一定的努力，自然就不会成功，就像谢家一同学用自己买的一次性筷子和热熔胶枪、胶水还有线这四样东西做出来的纺车模型，还可以简单地转上两三圈。而三折板上的字，没有一个是用电脑粘贴打印过来的，而是手写然后贴在上面的，当时的资料也是我们把搜到的资料经过多次删减再贴到三折板上。除此之外，就连研究报告也是谢家一同学写的。就凭这一点，我就想为她点上一个大大的赞。

三是这次活动也让我知道了很多新知识，比如纺车的分类有立式手摇纺车、卧式手摇纺车和脚踏纺车三种。而且脚踏纺车又被称为大纺车，大多用于纺纱庄等需要大批量纺纱的场所。卧式手摇纺车应用最广泛，而且较为亲民，一般老百姓用的比较多……

最后我想感谢东城区青少年科技馆，让我们有了一个能开阔眼界的机会。如果以后有类似的活动，我还会踊跃参加的！

吕思涵

● 精彩瞬间

风扇车、记里鼓车、染色机等机械

侦探笔记

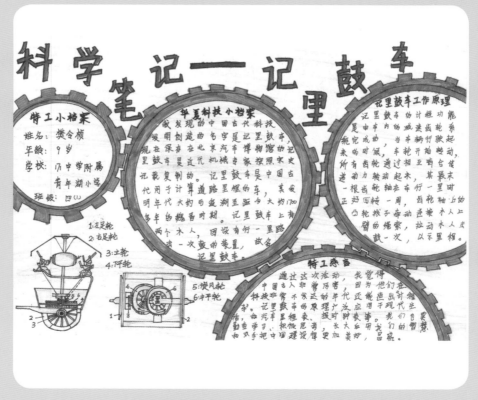

记里鼓车　北京市第一七一中学附属青年湖小学　樊令桢

特工
发现 通过进一步的查阅资料，我了解到原来记里鼓车是指南车的姊妹车，同为天子大驾出行时的仪仗车。有关它的文字记载最早见于《晋书·舆服志》："记里鼓车，驾四，形制如司南，其中有木人，执槌向鼓，行一里则打一槌。"记里鼓车的车内由立轮、平轮和旋风轮组成了一套齿轮减速系统，始终与车轮同时转动，当车行一里时正好最末端的齿轮回转一周，车上木人的手臂与齿轮牵动，由绳索拉起击鼓一次，以此来记录里程。巧妙的构思与设计让我不由得惊叹于古人的智慧。

这项华夏科技让我回想起一年级在数学课上学长度时使用的滚轮测距仪，这个仪器的工作原理就和记里鼓车是一样的，早期的汽车也是利用这个原理来计算里程的。汽车发动机的轴把动力传给变速箱，变速箱的输出轴上装一个软轴一直通到里程表里，以此记录里程。当然随着科技的发展现在里程计量已经实现电子化了。

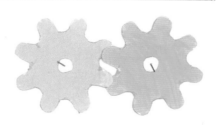

齿轮转动力示意图

记里鼓车　北京市东城区史家胡同小学　张皓宁（1）

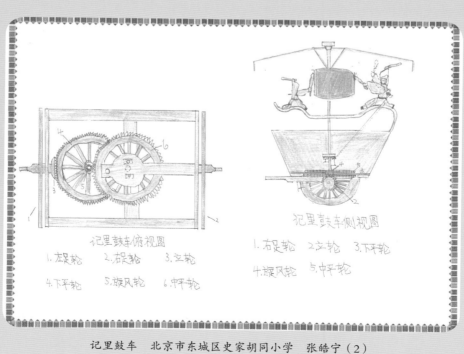

记里鼓车俯视图

1. 左足轮　　2. 右足轮　　3. 立轮
4. 下平轮　　5. 旋风轮　　6. 中平轮

记里鼓车侧视图

1. 右足轮　2. 立轮　　3. 下平轮
4. 旋风轮　5. 中平轮

记里鼓车　北京市东城区史家胡同小学　张皓宁（2）

第一章　农耕纺造

11

特工感言

记里鼓车是中国古代机械史上的一项伟大的发明车辆在古代是权贵的象征,也是古代科技重要部分,体现了那个时代最高的科技发展水平。古人用他们的聪明才智,利用机械原理精确地设计出科技感十足的车辆,不但满足了出行的需要,造型优美,同时兼具了里程计量的功能,然而最初的发明者和发明时间以及它是如何制作出来的,至今仍然是一个未解之谜,还等待着我们去探寻!

通过研究记里鼓车的结构和原理,我用乐高积木模拟搭建了一个记里鼓车,因为需要各种齿轮相互咬合,所以用了很长时间不断调试,才最终呈现出击鼓的效果,但是想真正实现记里功能就尤太又难,需要设计一个复杂的机械结构,古人真是太伟大了!

记里鼓车　北京市东城区史家胡同小学　张皓宁(3)

染色机　北京市第二十二中学第二十一中学联盟校　赵芸卿

风扇车

北京市东城区体育馆路小学　高瑞涵　王子悦　张梓墨

一、研究背景

民以食为天，中国是农业大国。作为一名在城市里长大的小学生，我对农民伯伯们辛苦劳作种植粮食十分崇敬，我也十分热爱土地，传统的农具蕴含了农民的劳动智慧。假期我回到农村的爷爷家，见到了可以帮助农民省时省力的风扇车，于是我对它的工作原理产生了兴趣。

谷物在脱粒和去壳后，人们需要扬弃谷壳、糠秕和杂物。人们最原始的方法是用手捧口吹，而后才懂得用木锨和簸箕靠自然风力进行，于是便有了粮食加工机械——风扇车的发明。风扇车是如何依靠简单的结构做到分离谷物、提高人民生产效率的？我们想通过复原风扇车模型找到背后的科学答案。

二、风扇车的历史

1.《武经总要》中的风扇车

风扇车的组成是在一个轮轴上安装若干扇叶，转动轮轴就可产生强气流。西汉时长安有名的机械师丁缓发明了"七轮扇"，是在一个轮轴上装7个扇轮，转动轮轴则7个扇轮都旋转鼓风。《武经总要·前集》中绘有一个以轴上曲柄转动的风扇车。

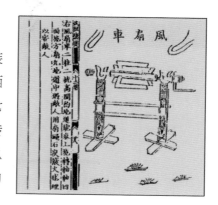

2.《农书》中的风扇车

《农书》所绘的风扇车，轮轴上也装有曲柄连杆，以脚踏连杆使轮轴转动。

以上所述，都是开放式风扇车，它们没有特设的风道，因此，风扇产生的风是向四面流动的。

3. 西汉的风扇车

旋转式风扇车自西汉出现以来，到宋元已经趋于定型。明代以前的风扇车多为开放式，叶片裸露在外，其风轮箱体为长方形。

4. 明代的风扇车

明代的风扇车经过改良成为全封闭式，其风轮箱体全是圆柱形，以免在风轮转动时产生涡流，形成无用的阻力。

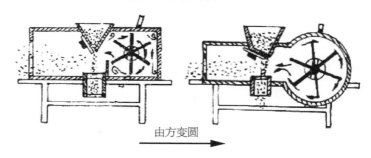

由方变圆

5.《天工开物》中的风扇车

宋应星《天工开物》中则绘有闭合式的风扇车，从中可见，在装有轮轴、扇叶板和曲柄摇手的右边，是一个特制的圆形风腔。这种闭合式的风车，可能产生于西汉晚期，在一些偏僻地区一直沿用至今。

三、风扇车工作的原理

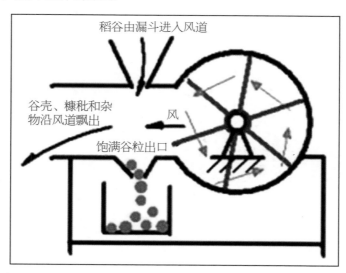

稻谷由漏斗进入风道

谷壳、糠秕和杂物沿风道飘出

风

饱满谷粒出口

如上图所示，风扇车的右侧有轮轴、扇叶板和曲柄摇手，还有一个特制的圆形风腔，曲柄摇手周围的圆形空洞就是进风口，左侧有长方形风道，来自漏斗的稻谷通过斗阀穿过风道，饱满结实的谷粒落入出粮口，而谷壳、糠秕和杂物则沿风道随风一起飘出风口。

四、风扇车应用的科学原理

1. 杠杆原理

要使杠杆平衡，作用在杠杆上的两个力矩（力与力臂的乘积）大小必须相等。即：动力 × 动力臂 = 阻力 × 阻力臂，当动力臂越长，动力就越小。从上式我们可以看出要想省力，就必须多移动距离；要想少移动距离就必须多费力，要想又省力而又少移动距离是不可能的。

杠杆原理有 3 种类型，第一种是省力杠杆，例如我们生活中的开瓶器、胡桃夹等；第二种是费力杠杆，例如镊子、鱼竿等；第三种是既不省力也不费力杠杆，例如天平、跷跷板等。所以聪明的农民伯伯采用了较长的曲柄，虽然增加了移动距离却达到了省力的目的，大大提高了工作的效率。

农民伯伯通过转动曲柄，把力传给轮轴使之转动起来，从而带动轮轴上的扇叶片也转动起来，扇叶扇动空气产生风能就可以将轻的谷壳、糠秕和杂物吹走了，这是动能转变成风能的最好体现。

2. 伯努利原理

压力来源于空气分子对固态对象的碰撞，单位时间、单位面积空气分子碰撞次数越多，产生的宏观压力就越大。流速大的原因是因为流体密度梯度大，也就是分子密集程度的单位区域差异大，导致无规则热运动的分子以热运动的速率向密度梯度差异方向做补偿。

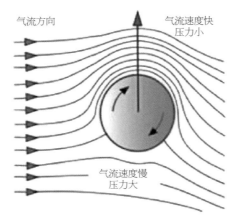

总之，就是在水流或气流里，如果速度小，压力就大，如果速度大，压力就小。

扇叶板边缘旋转速度远远大于中心处的旋转速度，该处空气流动速度大，压力就小，而中心部位空气流动速度小，压力就大。所以外部空气通过风腔中心空洞源源不断地涌入风腔里，压缩里面的空气，被压缩空气由风道排出，形成很强的气流。风扇车就是利用这个很强的气流来吹走谷壳、糠秕和杂物，留下饱满的谷粒的。

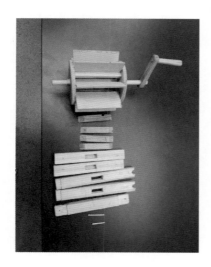

五、风扇车制作过程

1. 制作风扇车的设计图纸

寻找资料制作风扇车设计图纸，这是制作风扇车的参考图。搜集完成后我们将图纸打印贴在三合板上。

2. 讨论风扇车制作细节

在学习培训中反复讨论风扇车的制作细节和需要注意的问题。

3. 积极准备比赛展示

反复练习风扇车的展示内容，在比赛中呈现出良好的风采。

六、风扇车中科学原理在现代科学中的应用

1. 在 F1 赛车中的应用

F1 赛车的空气动力学原理：众所皆知，影响赛车单圈成绩的关键在于过弯速度，而要缩小通过弯道所需的时间，仰赖的就是抓地力。如果抓地力不够却硬是以较高的速度过弯，后果只能是打滑失控，即整辆赛车失去控制并偏离过弯时应循的正常轨迹。

提升抓地力方法有两种，除了轮胎以外，另一种方法就是空气动力学抓地力，简单地说就是用风扇强制导出车子下方的气流，降低车底气压以产生强大的下压力，让车身紧紧吸附在路面上。这种车的特征在于不论速度快慢，车身都能获得极大的下压力，大幅提升了车子在弯道上的过弯速度。

2. 在洗衣机中的应用

离心式压缩机的工作原理：汽轮机（或电动机）带动压缩机主轴叶轮转动，在离心力作用下，气体被甩到工作轮后面的扩压器中去。而在工作轮中间形成稀薄地带，前面的气体从工作轮中间的进气部分进入叶轮，由于工作轮不断旋转，气体能连续不断地被甩出去，从而保持了气压机中气体的连续流动。气体因离心作用增加了压力，还可以很大的速度离开工作轮，气体经过扩压器逐渐降低了速度，动能转变为静压能，进一步增加了压力。如果一个工作叶轮得到的压力还不够，可通过使多级叶轮串联起来工作的办法来达到对出口压力的要求。

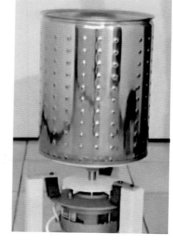

离心式洗衣机转速一般为 500~1500 转 / 分，依靠离心力的作用能够将衣物内的水甩掉。离心式脱水与人工手拧相比，具有含水量低、不损伤布料、脱水均匀、无皱折等特点。

七、制作过程中遇到的问题

我们在制作风车的过程中，遇到了很多问题，以下是我们遇到的主要问题。

（1）刚开始做的时候因为木板尺寸不合适，我们重新设计了图纸，标注了尺寸，才解决问题。

（2）在进行木板的粘合过程中使用双面胶进行粘贴，但是发现双面胶粘不上木板，之后我们又改成用乳胶粘贴，才完成了。

（3）在粘的时候外面的木头粘上去了里面的风扇还没放进去，我们又细心地弄明白了先后顺序才解决问题。

（4）在安装把手的过程中，发现短的把手摇起来比较费力，利用科学课学的杠杆原理，把把手加长，摇动起来就省力了，更方便筛选了。

（5）风扇车主体完成后，发现有的地方凸出来有的地方凹进去。后来把多出来的地方锯掉，粘在凹进去的地方，才解决问题。

八、结语

科技改变世界，也改变了我们的生活。想不到一个小小的风扇车会有这么多的科学原理和科学知识，由此也证明了生活中处处都离不开科学。相信很多同学长大了都想当科学家吧，那我们就要从现在开始，留心观察身边的科学，在未来的道路上继续探索科学！

● 精彩瞬间

青少年眼中的中国古代科技

京西稻

● 侦探报告

屋顶种植京西稻研究

北京市东城区东四九条小学

刘雯淇　张馨月　王政宇　于杨子安　王星华　王欣宇

一、学校一直致力于楼顶种植的研究工作

1. 生态文明建设

生态文明建设已经成为国家建设的重点方向，城市热岛效应逐年增加，北京夏季平均气温为 37~38 摄氏度，没有绿化的地面已经达到 46~47 摄氏度，而进行了屋顶绿化的屋顶气温只有 29~30 摄氏度。中国环境科学院院士刘鸿亮认为如果得以实现 7700 万平方米的老城区屋顶绿化，将非常有效地改善城市的空气，降低雾霾，同时还能减少城市下水道的压力。

2. 屋顶种植的研究

东四九条小学的学生们热爱植物，善于观察，认识了各种各样的植物，动手实践在家种植芽苗菜……老师为学生准备了太空种子，种子经过了太空失重的状态，回到地球，种在了我们的教室里。在学校楼顶有植物的研究，有学生的实验，有科技的创新，也有丰硕的成果。屋顶种植研究调动了许多学科的知识与能力，让活泼好学的九条学生，在研究过程中走进奇妙的植物世界。

3. 文化的传播

京西稻种植历史悠久，它不仅能起到绿化作用，还能传播水稻文化知识。有史料记载，慈禧太后每次传膳都要128道菜肴，京西稻、南苑稻等是她指定的白米饭。早年间京西稻产地北京六郎庄一带的主妇做饭时，会将一点金贵的京西稻混合在小米中一起蒸，叫作"二米子饭"，熬出的粥，在顷刻间上面就会结一层"米皮"，营养又美味。虽然种植面积有限，但是为了让更多人能够品尝到京西稻，我们决定在学校楼顶种植。

二、京西稻的知识

（一）京西稻的形态特征

一年生草本，高0.5~1.5米，圆锥花序大型疏展，长约30厘米，分枝多，棱粗糙，成熟期向下弯垂。

（二）京西稻的栽培技术

（1）京西稻的发芽工作，选取100粒水稻种子，催芽后计算发芽势和发芽率。

（2）在水稻的移栽中，根据苗的生长情况，对适龄的秧苗进行扦插。

（3）田间管理，科学合理地浇水、施肥、除害虫。

（三）京西稻的发展历史

1.《三国志》中的京西稻

据《三国志》中记载，魏齐王曹芳嘉平二年，刘靖在㶟河（今永定河）上拦水修坝，建造车厢渠，"灌溉蓟（城）南北，三更种稻，边民利之"。直至元代水利学家郭守敬开通通惠河后，充足的水源很好地保障了水稻的生长，两岸农民才开始大面积种植水稻。

2. 康熙年间的京西稻

1692年，康熙帝南巡后，将带回来的稻种在玉泉山试种，这是京西稻种植的开始。在《几暇格物编·御稻米》中，康熙记载了他自己的实践。他发现福建在灌溉时用鸡毛等能使"禾苗茂盛，亦得早熟"。他依照此法在玉泉山泉水灌溉稻田时用猪毛、鸡毛，水稻果然早熟丰收。

3. 乾隆年间的京西稻

乾隆皇帝也很重视京西稻。下江南时带回水稻品种"紫金箍"，种在二龙闸到长春河堤一带，生产出的稻米专供宫廷御用，该处成为御用稻米供应基地。至乾隆后期，京西稻的种植已达到一两万亩。历经康熙、雍正、乾隆祖孙三代130多年的经营，完成了京西稻的形成过程。

4.《红楼梦》中的京西稻

《红楼梦》五十三回写贾府的庄头乌进孝进贾府交租，常用米千余石，而专供贾母享用的"御田胭脂米"只有二石。《红楼梦》里的"御田胭脂米"，指的就是康熙培育的御稻米，《红楼梦》里还有其他很多地方提到它。

三、确定种植小组成员

组织协调：刘雯淇。展板制作：王欣宇。PPT 制作：王政宇。实验数据分析：王星华。思维导图制作：于杨子安。标本制作：张馨月。

四、活动过程

（一）催发种子

向曾经种植过京西稻的老师讨论种植经验，并得到种子若干，对种子进行浸种，并用湿纱布包起来催芽，等发芽数量很多的时候，计算出发芽率，大概为95%。

测量工具

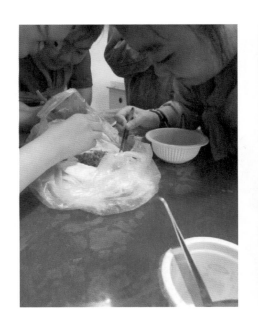

学生计算发芽率

（二）选取种植箱

采用的是两层的实验箱，下层为蓄水箱，上层为植物种植基质层。上层为了防止土壤流失，最下面铺有一层渗水布，再盖上土就可以了。共四箱。

（三）土壤基质的选择

其中两箱土为沙质土，标号为 1 号和 2 号，另两箱土为大田土，标号为 3 号和 4 号。同样的土壤厚度下做对比实验，观察并测量哪种基质的植物生长好。

筛土　　　　　　　测量基质厚度　　　　　不同基质的对比实验箱

（四）播种

根据种植箱的面积测算播种数量，采取旱育苗，旱整地，旱作床，旱播种，人工浇水补水，整个育苗过程不建立水层，秧田后期可以沟灌润水或视情况灌跑马水。

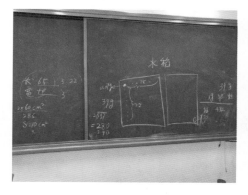

（五）田间管理与实验

参加培训学习　　　　　选取种植地点　　　　　浇水并记录

（六）对比试验的研究

实验箱为 4 个，每次测量是分组活动，一个人测量一箱的株数和株高，另两个人进行记录和拍照。楼顶气温高，我们测完后都是大汗淋漓。测量完了以后，需要查阅相关资料，解决在实验过程中遇到的问题。

测量记录第一个芽的露出

测量记录株数

测量记录株高

浇水

查阅中国知网

（七）数据的分析与结论

实验过程中，不断通过查阅资料解决遇到的问题，第一，水稻由于种植的深浅不一样，导致2号箱出苗快，其他箱不出苗；第二，浇水不规范，在幼苗期应采取花洒的浇灌方法，而有些实验中有直接用水桶冲的现象，导致冲倒了一些苗儿，造成土壤有坑洼积水；第三，通过对数据分析，发现沙质土通透性好，种子呼吸较容易，所以出苗就较快，但是到了后期由于沙质土的保肥保水性差，导致1号箱和2号箱的苗出现了停滞生长甚至萎蔫的现象，相反，大田土的苗儿生长趋于稳定。制作了折线图和思维导图进行分析并得出结论。

水稻测量表

日期 （2019年）	天气情况	水稻（号）	植物高度（厘米）	株数（株）	工作	发现问题
4月25日	晴	1 2 3 4	1.6 3.3 0 1.1	1 20 0 4	浇水0.31L 浇水0.69 L 观察	3号箱中不出苗

日期（2019年）	天气情况	水稻（号）	植物高度（厘米）	株数（株）	工作	发现问题
4月26日	晴	1 2 3 4	2 3.7 0 1.3	1 32 0 4	松土观察	2号箱中间长不出水稻
4月27日	雨	1 2 3 4	3 3.9 0 1.4	1 57 0 4	松土观察	无
4月28日	阴	1 2 3 4	3 4 0 2	4 67 0 9	浇水0.71 L 浇水0.34 L 观察	3号箱连续4天不出苗
4月29日	晴	1 2 3 4	3 4 0 2	4 67 0 9	浇水1 L 浇水1 L 观察	3号箱连续5天不出苗
4月30日	晴	1 2 3 4	3 5 1 3	3 69 1 11	松土观察	3号箱出苗
5月5日	晴	1 2 3 4	5 7 1 5	3 77 1 11	浇水1 L 浇水1 L 观察	无
5月6日	晴	1 2 3 4	8 9.5 4.5 9.2	15 80 10 20	浇水1 L 浇水1 L 观察	无

第一章　农耕织造

日期 （2019年）	天气 情况	水稻 （号）	植物高度 （厘米）	株数 （株）	工作	发现问题
5月7日	晴	1	8.8	17	浇水1 L	1号箱、2号箱 叶子颜色变黄
		2	12	91	浇水1 L	
		3	6	11	观察	
		4	10.8	22		
5月8日	晴	1	9	18	浇水1 L	无
		2	13	100	浇水1 L	
		3	7	11	观察	
		4	12.5	23		
5月14日	晴	1	15.6	32	浇水1 L	1号箱、2号箱 叶子变干枯
		2	16.1	98	浇水1 L	
		3	20	38	观察	
		4	26.4	41		
5月15日	晴	1	15.8	32	浇水1 L	1号箱、2号箱 叶子变干枯
		2	16.7	97	浇水1 L	
		3	19.6	38	观察	
		4	27.4	41		

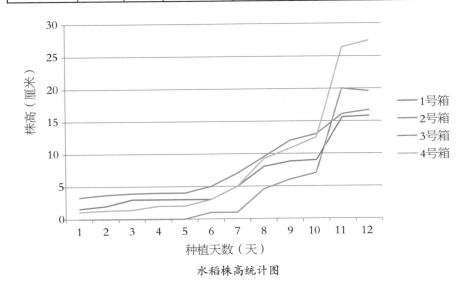

水稻株高统计图

青少年眼中的中国古代科技

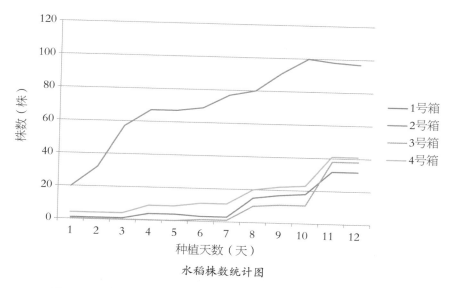

水稻株数统计图

五、进行猜想

水稻未开花结果实，无法计算千粒重，通过数叶龄、量株高，先进行水稻插秧的相关研究，然后猜测水稻人工授粉的结实率。

（一）讨论

禾本科植物花的组成及小穗			
花	雄蕊（3~6 枚）	小穗	花（1~ 数朵）
	雌蕊（1 枚）		
	桨片（2 片）		颖片（2 片）总苞片
	苞片	外稃	
		内稃	小穗梗
雄蕊与雌蕊状况	两性花	一朵花中雄蕊、雌蕊都存在并发育正常（如油菜、水稻）	
禾本科植物幼穗的分化			
水稻幼穗的分化			
一级枝梗的产生	生长锥增大并伸长，然后在生长锥周围逐渐产生苞叶原基，自下而上在苞叶原基的腋部分化出一级枝梗原基（其发育顺序为自上而下）		
二级枝梗的产生	在一级枝梗上，二级枝梗原基的形成是自下而上		

水稻幼穗的分化	
小穗原基的产生	最上部一级枝梗顶端首先分化出一个小穗原基，然后下部的一级枝梗和二级枝梗顶端各分化出一个小穗原基，每个枝梗上的其余小穗原基均是自上而下产生的，因此，各个枝梗顶端的第二个小穗原基是最迟产生的
小穗原基的分化	首先产生两个颖片原基和两面朵退化小花的外稃原基，然后产生可育小花，顺序为外稃—内稃—桨片—雄蕊—雌蕊等原基

（二）猜想和插秧工作

插秧

开花逐渐成熟

（三）人工授粉的研究

1. 人工授粉

20 世纪 60 年代，我国的水稻育种者成功选育水稻雄株不育系并与恢复系和保持系配套，率先在世界上育成杂交水稻。杂交制种由不育系母本与恢复系父本杂交而成。不育系为雄性败育，自身不能正常结实，只有使母本柱头接纳父本花粉，才能获得杂交种子。杂交制种属于异花授粉，一期父本所提供的高密度花粉充分、均匀地落在母本柱头上，确保每个雌蕊柱头上不少于 3 粒花粉，才能获得满意的种子结实率，从而提高制种的质量和产量。

水稻的花期比较短，一般为每天 10：00−12：00，只有 1.5~2.0 小时的开花时间，且花粉寿命很短，仅为 4~5 分钟，要提高花粉的利用率和母本的结实率，必须适时授粉。整个花期每天需授粉 3~4 次，且必须在 30 分钟内完成授粉作业，共需授粉 10~12 天。水稻授粉是一项技术要求强、精度要求高、时间要求紧的作业，受气候环境影响明显。为保证水稻制种的效果，必须采用人工授粉的方式，利用授粉工具撞击父本使其花粉飞落在不育系柱头上，从而实现受精结实。

2. 人力授粉法

双短竿推粉法俗称"赶粉"，作业时人员左右各持一根细竹棍，将雄株推向雌株，使雄株上的花粉在外力作用下随空气飞扬起来，散落到雌株的花上，重复 3~4 次。"赶粉"时动作要快，才能保证花粉弹得高、散得远。此法的花粉飘散远、密度大，能大大提高花粉的利用率和异交的结实率。

3. 授粉器

授粉器克服了旧的人工授粉法的主要缺点，并具有以下优点：采用新鲜花粉进行花对花的授粉，提高了杂交种子的结实率；能使用早先收集的花粉，吸入到玻璃室并撒落在柱头上，能提高劳动效率 7~9 倍。

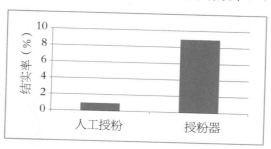

不同授粉方式结实率对比柱状图

六、研究结论

通过这次研究，京西稻在屋顶能够正常生长。通过对比试验，我们发现沙质土不适宜种植京西稻，因此选用草炭灰做的基质。水稻还没有开花之前我们进行了大量的猜想，按照猜想进行实验。同时我们还做了调查问卷，并会继续展开调查，为环境保护做出自己的努力。其间，我们需要改进的是应更加密切地关注京西稻的生长，尤其是花期，为了不影响产量，应及时进行人工授粉，增加结实率。最后水稻开花并结果实，看到稻穗沉甸甸地压弯枝头，更增加了我们的信心，我们还将种植彩色稻，把学校楼顶建设得更加美丽。

七、致谢

（1）感谢任立鹏、张颖、江祎老师。

（2）感谢所有支持我们的老师和家长们。

参考文献

[1] 王帅，王福义，王丽．杂交水稻制种人工授粉方法研究 [J]．农业科技与装备，2013，10：3-4，7．

[2] 一种水稻人工授粉器——"花蜂"授粉器 [J]．河南农业科学，1976（6）．

● **精彩瞬间**

龙骨水车

侦 探 笔 记

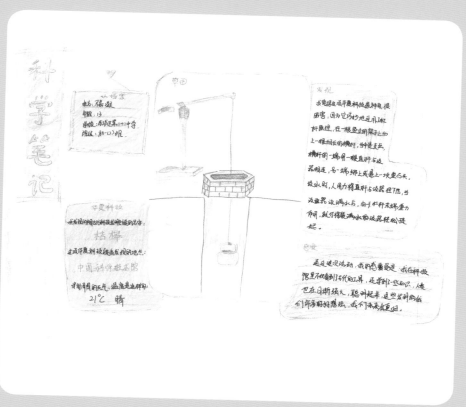

桔槔 北京市第二十二中学 马嘉凝

【附件二】

桔槔是一种利用杠杆原理的取水机械，我对改善其结构进行了如下思考：

如何更好地在桔槔末端固定重物？

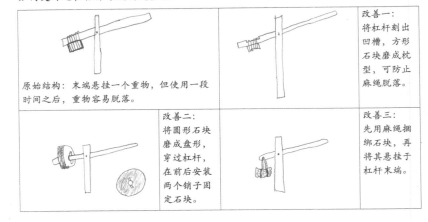

原始结构：末端悬挂一个重物，但使用一段时间之后，重物容易脱落。	改善一：将杠杆刻出凹槽，方形石块磨成枕型，可防止麻绳脱落。
改善二：将圆形石块磨成盘形，穿过杠杆，在前后安装两个销子固定石块。	改善三：先用麻绳捆绑石块，再将其悬挂于杠杆末端。

桔槔　北京市东城区史家胡同小学　王安仁

桔槔　北京市第二十二中学　王靓颖

① 水轮：段水流冲击使它转动.

② 拨板：在水轮上，转动后，拨动碓杆的梢，使碓头舂米.

③ 支座：支撑整个水碓.

④ 缸：放用来捣碎的东西，可移动的.

⑤ 杠杆碓头

（用来压-捣的舂米）

碓头

碓杆（连接）

梢（受拨板拨动,带动整个碓杆）

Reading

● 总结原理.

　　水碓的动力是水轮的转动，水打到水轮的拨板上，使它旋转起来，拨板拨动碓杆。下面的杠成让加工的稻谷，碓头-起-落的进行舂米.

● 特点

　　1.用水力，杆杠和凸轮（机械的回转或滑动件）的原理去加工粮食.

　　2.水碓是脚踏碓机械化的成果

　　3.使用立式水轮结构.

　　4.连机碓是一个大水轮驱动数个水碓，即一个原动机带动数个工作机的形式.

　　5.回转运动带动上下摆动输出运动.

● 应用：舂米.

[特工感言]

　　我的笔记到这里就要结束了。通这次活动，让我有个契机可以去了解中国古代科技发明. 可以更详细的明白这些东西的原理,还领略到了古人们的智慧，尤其像水碓这种比较巧理解的原理，但是我们现

水碓　北京市第二十二中学　冯景钰

我是华夏科技小特工

【特工小档案】
姓名：黄昱轩
年龄：7岁
学校：史家小学
班级：一3班

☀ 晴朗

🌡 0-8℃

2019.02.20 星期三

【华夏科技小档案】
我发现的中国古代科技发明创造的名
字是：翻车，又称龙骨车
这项华夏科技被我发现的地点是：中
国国家博物馆
发现日期和天气情况是：2019年2月20
日星期三，天气晴朗，室外温度8℃

【特工发现】
　　我觉得这项华夏科技很厉害，因为在
翻车没有发明之前，人们只能用木桶作为
容器提水灌溉，不仅很辛苦，而且效率很
低。翻车的发明有效解决了低河梁向高田
灌溉的效率问题。
　　翻车是一种连续提水工具，由东汉毕岚
发明，后人完善并推广至农业灌溉。农作
物生长除了从雨雪中获得水分，更多的时
候需要人工灌溉，这就需要取水输水工具。

龙骨车　北京市东城区史家胡同小学　黄昱轩（1）

　　我不仅看到了这项华夏科技，我还做了近一步
探究和思考：翻车车体是一个长木槽，两端各架一个
轮轴。下端为从动轮，部分置于水中。上端为主动轮，
架在岸上，主动轮两侧各装一个曲柄，每个曲柄上各
一个长杆。在长木槽中一节一节的板叶用木销子连接
起来，挂装在两个轮轴上。使用时，一人双手分别持
长杆摇转曲柄及主动轮，板叶沿着木槽向上刮水，将
水提升到田里。后来出现了脚踏式翻车。
　　这项华夏科技不仅在古代很厉害，它在现代还
有应用：翻车的结构合理、可靠实用。至近代农用水
泵没有普遍使用之前，翻车一直在历史舞台上发挥了
重要作用。

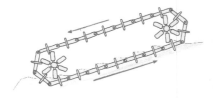

【特工感言】
　　通过探究这项发明让我懂得了"劳
动出智慧，实践出真知"。中华文明源
远流长，孕育了中华民族的宝贵精神品
格。国家博物馆的每一件展品都是前人
智慧的结晶。我为自己是一个中国人感
到无比自豪和骄傲。

龙骨车　北京市东城区史家胡同小学　黄昱轩（2）

华夏科技小特工科学笔记

特工小档案

姓名：魏天麒　　　　　学校：体育馆路小学

车号：11　　　　　　　班级：五年级三班

华夏科技小档案

★ 我发现的中国古代科技发明创造的名字是：灌溉机械龙骨水车

★ 这项华夏科技被我发现的地点是：图书馆

★ 当时周围的天气、温度是这样的：6° 轻风3级/多云

特工发现

完成耕作、播种后，就是灌溉了。中国古代最常见的是龙骨水车。因为其关键结构的形状像龙骨，所以称它为龙骨水车。龙骨水车又叫"翻车"、"踏车"、"水车"。从龙骨水车图中可以了解它的运作过程：链条带动一连串叶板移动，每片叶板都可以把一定量的水导入水槽中，随着链条不停地转动，水便源源不断地倾泻到田里，实现灌溉。龙骨水车发明于东汉年。有个叫毕岚的人设计。到了三国时期机械发明家马钧重新对水车进行了改造。改造后水车能引水上坡更为轻便。到了宋元时期，涌出好多种有脚踏翻车、牛转翻车、水转翻车。明清时期还出现了风转翻车、才操拔车。

龙骨水车

特工小链接

龙骨水车的发现让我眼前浮现一幅无比美妙的田园画面：几位农民伯伯一起站立在高高的龙骨水车上，欢声笑语，水车隆隆，灌溉着绿油油的农田。

通过发现龙骨水车，我还知道一些专门赞颂这派科技的诗词。

苏轼——《无锡道中赋水车》

陆游——《春晚即事》

特工感言

通过龙骨水车的发现，让我知道了中国古代科技发明，只知道四大发明是不够的，我还应该了解更多的古代科技发明。在漫长的历史中，我们祖先以东方人独有的智慧发现自然规律，提升技术水平，并创造出美好的生活。最重要的是，让我看到了古人运用智慧一步步改善他们的生活。作为青少年的我更应该重视学习文化知识，多阅读书籍，启迪智慧，创造美好生活。

龙骨车　北京市东城区体育馆路小学　魏天麒

[筒车]

　　我不仅看到了这项华夏科技，我还做了进一步的探究和思考：水车的发明改变了人类浇灌的方式，最初叫"翻车"是东汉毕岚发明的。后经三国马钧改进，唐代出现了功效更高的翻车。"脚踏翻车"依造人体动力，"牛转翻车"依靠动物的体力来完成。此外还有"水转翻车"，"筒车"发明于隋朝，是一种依靠水力转动的提水农具，它通过水力推动水叶轮不停地转动。将竹筒中的水提升到高处，这样浇灌了高处的农田，也节省了人类的劳动力。人类的智慧是无止境的，只要我们勤于思考、善于观察，就能发明出更多的对于人类有意义的东西，能为人类的进步做出更多的贡献。

〖特工感言〗

ladys and gentlemen，我是华夏科技小特工，通过这次活动，我要发表我的感悟和收获啦~~：

我知道中国古代的四大发明，它们深深地影响了世界。这个寒假当我走进农业展览馆，古代农业的水车发明同样深深地吸引了我，即便在当代这项发明也是充满着智慧。

我作为一名小学生，要学会思考、勤于学习，才会成为一个有智慧的人。

水车　北京市东城区西中街小学　葛芮嘉

我不仅看到了这项华夏科技,我还做了进一步的探究和思考:

水磨的出现 水磨一般被认为发明于晋代,和杜诗发明水排有关。随着古代机械技术的发展,古人能够很好地利用机械使水产生动能,辅助人们的生产生活。先人们利用一些地区河流等水势很旺,地势特殊,不仅用水满足沿途各村引水灌溉,还利用地势造成的流水落差的冲击力,带动水磨运转。水磨是古代劳动人民科学用水的智慧结晶,也是古代科技发展的一个标志。

水磨工作原理 水磨的动力来自水轮,一般分两种。卧式水轮是在轮的立轴上安装磨的上扇,流水冲动水轮带动磨转动,这种磨适合于安装在水的冲动力比较大的地方。假如水的冲动力比较小,但是水量比较大,水磨可采用立式水轮。在立轮的轮轴上安装一个齿轮,和磨轴下部平装的一个齿轮相衔接,水轮的转动是通过齿轮使磨转动的。这两种形式的水磨,构造比较简单,应用很广。

水磨　北京市东城区史家胡同小学　张宗耀

水磨　北京市东城区史家胡同小学　吴昊珅（1）

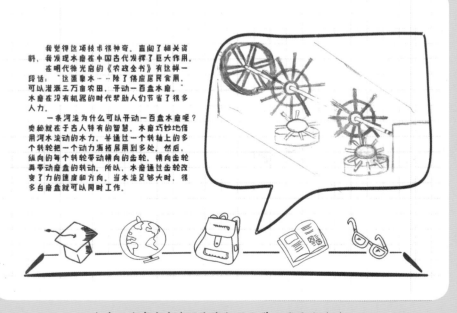

水磨　北京市东城区史家胡同小学　吴昊珅（2）

水闸关闭闸门时，可以起到挡潮、拦洪、蓄水抬高水位的作用，以满足上游取水或者通船的需要。开启闸门时，则可以排涝、泄洪、冲沙、或根据下游用水的需要调节流量。

公元前214年，秦始皇统治时期，修建了凿灵渠，设置陡门（今名闸门），用以调整斗门前后的水位差，使船舶能在有水位落差的航道通行，这种陡门构成单门船闸。到了北宋时期，中国历史上有名的西河闸建成，已经应用两个陡门，并设有输水设备。复闸的修建在我国唐代便开始在改善航运条件方面发挥了巨大的作用。

这项华夏科技不仅在古代很厉害，现代内河航运中依旧在使用，如长江葛洲坝船闸就是一座现代化的复闸。这确实是一项利国利民的措施。

船舶通过闸门如下图：

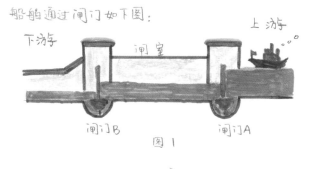

图1

2

水闸船闸　北京市东城区史家胡同小学　老宇同

龙骨水车的工作原理

北京市中央工艺美院附中艺美小学

黄子彧　杨瀚圻　柳子梦　孟怡然

龙骨水车也称"翻车""踏车""水车"，简称"龙骨"，流行于我国大部分地区。这种提水设施历史悠久。因为其形状犹如龙骨，故名"龙骨水车"。

一、龙骨水车的起源

龙骨水车约始于东汉，三国时发明家马钧曾予以改进，此后一直在农业上发挥着巨大的作用。

1. 起源：东汉时期毕岚

《后汉书·宦者传·张让》："又使掖庭令毕岚铸铜人四列于仓龙、玄武阙，又铸四钟，皆受二千斛，县于玉堂及云台殿前。又铸天禄虾蟆，吐水于平门外桥东，转水入宫。又作翻车渴乌，旋于桥西，用洒南北郊路，以省百姓洒道之费。"李贤注："翻车，设机车以引水；渴乌，为曲筒，以气引水上也。"

毕岚造翻车的初衷虽然不是为了农用，但却在后世造福百姓。京城的南北郊路要洒水，用扁担挑，费时费力，所以做了翻车，把水从河里引上来，节约了大量的人力和物力。

2. 改进：三国马钧

魏晋时期的著名思想家傅玄在《马（钧）先生传》中写道："居京都，城内有地，可以为园，患无水以溉。先生乃作，令童女儿转之，而溉水自复，更入更出其巧百倍于常。"

曹操统一北方后，大力发展农业，翻车逐渐被用于农业。由于翻车的初衷是用于道路洒水，所以在农业上效率很低，于是马钧改进了翻车，改进后的翻车改名为龙骨水车。这种龙骨水车，使用起来极其轻便，甚至连小孩都能操作，所以民间很快流传开，促进了当时农业的发展。

3. 命名记载：南宋

龙骨水车的名字最早出现在南宋陆游的《春晚即景》："龙骨车鸣水入

塘，雨来犹可望丰穰。"

二、龙骨水车的工作原理

龙骨水车的结构是以木板为槽，尾部浸入水流中，有小轮轴，以带有板叶铰链与轮轴转动连接。另一端有大轮轴，大轮轴固定于堤岸的木架上，作为铰链的主动链轮，轮轴上有固定的拐木。用时踩动拐木，使大轮轴转动，带动槽内板叶刮水上行，倾灌于地势较高的田中。后世又有利用流水作动力的水转龙骨车，利用牛拉使齿轮转动的牛拉翻车，以及利用风力转动的风转翻车。

三、龙骨水车的诗词记载与发展

（一）古诗

宋代梅尧臣《和孙端叟寺丞农具十五首 其十二 水车》："既如车轮转，又若川虹饮。能移霖雨功，自致禾苗稔。"

宋代王安石《山田久欲折》诗："龙骨已呕哑，田家真作苦。"

清代蒋炯《踏车曲》："以人运车车运辐，一辐上起一辐伏。辐辐翻水如泻玉。大车二丈四，小车一丈六。小以手运大以足，足心车柱两相逐。左足才过右足续，踏水浑如在平陆。高田低田足灌沃，不惜车劳人力尽，但愿秋成获嘉谷。"

（二）发展

广东等地采用较为轻便的手摇式水车，多施于田间水沟，称"手摇拔车"。唐宋以来农田灌溉、排水及运河供水中，龙骨水车是使用最普遍的提水机械，特别是南方大兴围田之后，对低水头提水机械的需求更加普遍。

元代王祯《农书》绘制了不同动力的龙骨水车的图谱，其中人力水车有脚踏、手摇等形式，畜力水车有牛车、驴车等形式。此外还有明代宋应星在《天工开物》中改绘的三种龙骨水车。

由于龙骨水车结构合理，可靠实用，所以能一代代流传下来。直到近代，随着农用水泵的普遍使用，它才完成了历史使命，悄悄地退出历史舞台。

三、研究过程

（一）问题确立

龙骨水车这个发明是如何工作的呢？根据这个问题，我们进行了探究。

我们先假设龙骨水车是靠轮轴带动传送带工作的。然后，我们通过去科技馆对实物观察、去网上搜集资料制作了龙骨水车模型。

（二）模型制作

在调查之后，我们一起制作了可以动起来的龙骨水车模型。在制作过程中我们发现，制作的水车链条与水轮接触不紧实，这可能是由于链条过长，于是我们去掉了一个连接木片，模型终于顺利运作了起来。

四、研究结论

龙骨水车作为灌溉机具现在已被电动水泵取代了，然而这种水车链轮传动、翻板提升的工作原理，却有着不朽的生命力。就拿我们的海岸、港口经常能见到的疏浚河道的斗式挖泥机来说吧，那一只只回转挖泥的泥斗，就是从水车的提水翻板脱胎而来的。因此一看到挖泥机，人们就仿佛见到了古老的龙骨水车。

通过此次研究，我们体会到了得出一个结论的不易和艰辛，也明白了在探究一个问题的时候只有规划好，有条有理地去做，不断思考，克服困难，才能得出结论。我们以后也会多多探究生活中的问题，好好学习科学知识，在科学的道路上砥砺前进。

参考文献

[1] 赵士祥. 翻车模型的制作 [J]. 中学历史教学，2002（10）.

[2] 张柏春. 传统机械技术调查 [J]. 中国文化遗产，2004（3）：50-51.

● **精彩瞬间**

调查资料

制作模型

青少年眼中的中国古代科技

龙骨水车模型

探讨问题

结论展示

参与活动的同学们

模型展示

展示成果

活塞式风箱

● 侦探报告

双作用活塞式风箱工作原理分析

北京市东城区文汇小学

张澜萌　吴斯琦　徐文彤　赵子绪　杨乐瀚

一、简介

风箱体现了中国古代对大气压知识的掌握和应用，对提高我国古代金属冶炼技术起到了关键作用。初刊于明崇祯十年（1637年）的《天工开物》详细介绍了风箱的结构、工作机制和应用。

关于双作用式风箱起源，目前所见的资料支持其始于明嘉靖年间（1522—1566年），应用不晚于宋代。

双作用活塞式风箱是一种由活塞板和拉杆组成的箱形装置，推

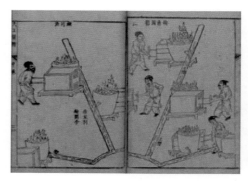

《天工开物》中对于风箱的介绍

拉过程中都可以产生风力。这种风箱效率高、操作简便。直到20世纪，活塞式风箱仍然在农村广泛使用，不仅用作手工业中的鼓风器，还普遍被家庭用于炉灶鼓风。

古代马达加斯加和日本等地也曾使用能连续供风的鼓风器，但它们都

有两套气缸和活塞，本质上属于串联或并联鼓风。只有中国的风箱真正利用了双作用原理。

二、物理模型

双作用活塞式风箱由三个气室、一个推拉杆和四个控制阀门组成。空气由进气口吸入，出气口排出。

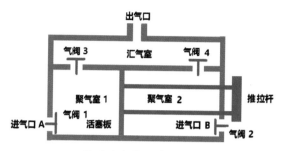

双作用活塞式风箱物理模型

三、工作原理

当推拉杆向左运动时，进气口 A 的气阀 1 关闭，进气口 B 的气阀 2 打开吸入空气；同时气阀 4 关闭，气阀 3 打开，空气由聚气室 1 压入汇气室并由出气口排出。

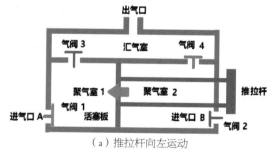

（a）推拉杆向左运动

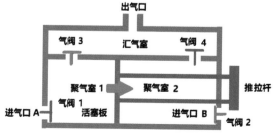

（b）推拉杆向右运动

双作用活塞式风箱工作原理

当推拉杆向右运动时，进气口 B 的气阀 2 关闭，进气口 A 的气阀 1 打开吸入空气，同时气阀 3 关闭，气阀 4 打开，空气由聚气室 2 压入汇气室并由出气口排出。

四、问题与假设

问题：双作用风箱的工作方式是否符合物理学原理？

假设：用热力学波义耳定律可以解释中国古代风箱推拉运动时，出风口持续鼓风。

五、制作材料

（1）箱体：保鲜用泡沫箱；

（2）拉杆：竹棍 2 根；

（3）阀门：卡片 4 张；

（4）活塞：纸板、保鲜膜；

（5）其他材料：胶带、刻刀、直尺、剪刀、胶枪等。

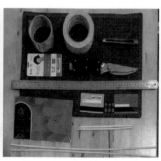

六、制作步骤

（1）箱体：将箱体用格挡分为两个空间。

（2）箱体气孔：在箱体的左右两边各开一个口，作为进气口；在箱体前部开一口，作为出气口。

（3）隔板气孔：隔板两端各开一个口，作为聚气室和汇气室的通气口。

（4）阀门：用卡片在四个气口安装阀门。

（5）推拉杆：用竹棍制作。

（6）活塞：选择大小适合聚气室的纸板，四周用保鲜膜作为密封垫，并与推拉杆用胶枪固定。

（7）各部分组装，盖上盖子测试。

七、风箱模型

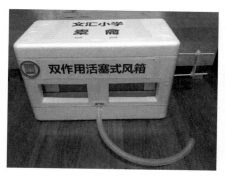

八、三种鼓风方式的实验对比

鼓风器	皮囊	单作用风箱	双作用风箱
模型展示			
鼓风结构	皮囊式	活塞式	活塞式
作用类型	单作用	单作用	双作用
鼓风连续性	间歇鼓风	间歇鼓风	连续鼓风
等容积下的效率	50%	50%	100%
优点	体积小 方便携带	结构简单 制作方便	效率高 不间断鼓风
缺点	出风量小 一半的时间在吸气 一半的做功在吸气 间断鼓风	间断鼓风 一半的时间在吸气 一半的做功在吸气 不方便携带	结构较复杂 不方便携带

九、风箱压力的波义耳定律分析

双作用风箱可以用英国化学家波义耳（Boyle）在 1662 年根据实验结果提出热力学的波义耳定律解释：在密闭容器中的定量气体，在恒温下，气体的压强和体积呈反比关系。

$$PV=C$$

式中，V 是气体的体积，P 是压强，C 为常数。

在风箱正常使用时，环境和气室中温度变化不大，因此可以近似认为其工作原理符合波义耳定律。当聚气室由于推或拉运动体积变小时，压力将增加，当其内部压力大于汇气室内的压力时，空气就被压入汇气室。由于两个聚气室轮流为汇气室提供新鲜的空气，所以出气口可以有源源不断的空气排出，见下表。

区域	各位置压力	代号	推杆时		拉杆时	
环境	周围空气压力	$P_{空气}$	不变		不变	
聚气室 1	进气口 A 外压力	$P_{A外}$	不变	$P_{A外}=P_{空气}$	不变	$P_{A外}=P_{空气}$
	进气口 A 内压力	$P_{A内}$	↑	$P_1>P_{A外}$	↓	$P_1<P_{A外}$
	聚气室 1 内压力	P_1	↑	$P_1>P_{A外}$ $P_1>P_{阀3聚1}$ $P_1>P_3$ 体积压缩变小	↓	$P_1<P_{A外}$ $P_1<P_{阀3聚1}$ $P_{空气}>P_1$ 体积膨胀变大
	气阀 3 聚气室 1 侧压力	$P_{阀3聚1}$	↑	$P_{阀3聚1}>P_3$	↓	$P_{阀3聚1}<P_3$
聚气室 2	进气口 B 外压力	$P_{B外}$	不变	$P_{B外}=P_{空气}$	不变	$P_{B外}=P_{空气}$
	进气口 B 内压力	$P_{B内}$	↓	$P_{B外}>P_{B内}$	↑	$P_{B外}<P_{B内}$
	聚气室 2 内压力	P_2	↓	$P_2<P_{B外2}$ $P_{阀4聚}<P_3$ $P_{空气}>P_2$ 体积膨胀变大	↑	$P_2>P_{B外2}$ $P_{阀4聚}>P_3$ $P_2>P_3$ 体积压缩变小
	气阀 4 聚气室 2 侧压力	$P_{阀4聚2}$	↓	$P_{阀4聚2}<P_3$	↑	$P_{阀4聚2}>P_3$

区域	各位置压力	代号	推杆时		拉杆时	
环境	周围空气压力	$P_{空气}$	不变		不变	
汇气室	气阀3汇气室侧压力	$P_{阀3汇}$	↑	$P_{阀3汇} > P_3$	↑	$P_{阀3汇} > P_3$
	气阀4汇气室2侧压力	$P_{阀4汇}$	↑	$P_3 > P_{阀4汇}$	↑	$P_3 > P_{阀4汇}$
	汇气室2内压力	P_3	↑	$P_{阀3汇} > P_3$ $P_3 > P_{阀4汇}$ $P_3 > P_4$	↑	$P_{阀3汇} > P_3$ $P_3 > P_{阀4汇}$ $P_3 > P_4$
	出气口处压力	P_4	↑	$P_3 > P_4$	↑	$P_3 > P_4$

十、风箱原理的应用及未来发展

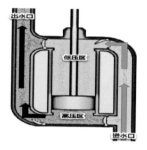

风箱原理应用广泛，在 16 世纪传入欧洲后，启发了许多机械的发明，包括蒸汽机的双作用气缸。现代广泛使用的双作用往复泵也是应用了风箱的原理。上图所示，这里有两个吸入和输出阀。当活塞向前或向后移动时，每次推拉，吸水和排水都同时发生。这些泵的一些常见应用是盐水处理、井服务、容器内除垢、水力压裂和石油和天然气管道输送。左图是卧式双缸双作用活塞往复泵 BW-1200 型泥浆泵。

基于风箱原理设计发明的机械应用广泛，对其效率的提高是我们进一步研究的方向。现代 AI 技术和机器学习可以用来提高 4 个阀门的开关速度和密闭性。新材料的发现也可以用来提高活塞的密

BW-1200 型泥浆泵

闭性和降低摩擦阻力。

十一、结论

我国古代风箱技术早于西方热力学理论。它是基于对大气知识的掌握和生活经验的积累而发明的。在 16 世纪传到西方后，对西方科学技术的提高有一定的促进作用。风箱是波义耳定律的一个早期应用。风箱也是现代双作用往复泵的雏形，是我国古代技术对世界技术进步的一个重要贡献。

参考文献

[1] 戴念祖，张蔚河. 中国古代的风箱及其演变 [J]. 自然科学史研究，1988，7（2）：152−157.

[2] 中国科学院自然科学史研究所. 中国古代重要科技发明创造 [M]. 北京：中国科学技术出版社，2017.

● **精彩瞬间**

第二章 天文计时

侦探征集令

　　中国古人观天吃饭，对天空的观察是细致入微的。他们通过观察太阳、月亮的运行来记录时间、建立历法并安排农时，一切的生活都与天上的日月星辰密不可分。在观察天空的基础上，中国古人还逐渐形成了朴素的宇宙观，并进一步完善而形成理论体系。

　　科技小侦探们，发挥你们的聪明才智，一起来分享你们的侦查成果吧！

水运仪象台

侦探笔记

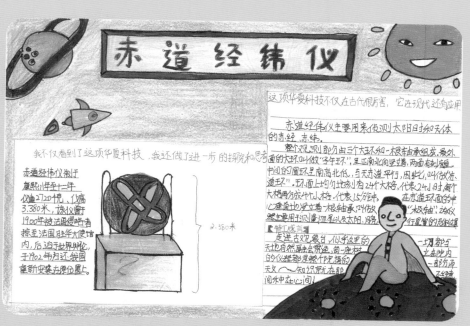

赤道经纬仪 北京市东城区西中街小学 贾默然

地动仪　北京市东城区史家胡同小学　柏涵（1）

地动仪　北京市东城区史家胡同小学　柏涵（2）

科学笔记

日期：2018.2.15　天气：晴　温度：-1℃　地点：图书馆　　　　　介绍对象：地震仪

外形特征描述 丁文茜

地震仪是一种监视测震发生的，记录地震有关参数的仪器，是由我国东汉时期伟大的天文家、数学家、发明家、地理学家、文学家，发明创造的。地震仪是铜铸的，像一个酒樽，周围有八个龙头，龙头成着东、南面、北、东南、西南、东北、西北八个方向，龙嘴是活动的，各衔着一个小铜球，每个龙头下面对应一只蟾蜍。经过公元138年的验证，表明准确性，是当之无愧的"科技"。

地震仪的工作原理介绍

地震仪原理图

原理解剖图

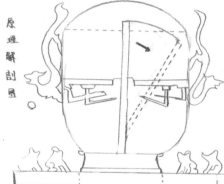

细心细考
仔细观察

根据记载，张衡所发明的地震仪是依原理及构造已失传，仅有关于地震仪的230字的记录及记载，仅知晓其原理与其震有密切关联，它主要是利用于金属杆悬锤感受发生震动，而后传导至龙嘴机构吐出铜珠，而后再坠落落至下方蟾蜍嘴中随即可以判定其发生地震的方位以及方向。

特工感言

我国的科技发明数不胜数，一群比一群蕴含着智慧，我们作为小学生应该对华夏古代的科技以及做出的发明创造有些了解，而且每当你走进博物馆图书馆时，当你看到既范图书之后，你感慨，一定会为古人的无限智慧所感慨。正大家根据本特工的脚步，走入中国华夏文明探秘，希望大家能够由我的介绍对中国科技做个小小了解，这次我们介绍的为地震仪。

地动仪　北京市中央工艺美院附中艺美小学　丁文茜

55

科学笔记

华夏科技

日期: 2019 2月20日　　天气:晴☀　地点 博物馆　温度:6°

名称:地动仪

发现地:中国历史博物馆

天气: 风和日丽

温度: 6°

最早的地动仪

世界上第一架可以验证地震的仪器是中国东汉时期的张衡于132年发明的,叫做候风地动仪.它的出现比国外类似的地震仪早1000多年。

特工感言

每一次发明都是人类社会发展中的一个里程石碑,或留下发明史上的一个奇迹,我相信无论是从前还是现在,时代和科技都在进步。

关于
地动仪

地动仪的原理

地动仪内有一托盘,
托盘下放有一磁铁圈,
托盘上则放一细钉,
细钉因石磁场的关系
而垂悬在托盘中心。

地动仪

黑色为石磁铁圈

姓名:石一　年龄: 12　学校:艺美小学　年级:六　班级: 3　性别:女

地动仪　北京市中央工艺美院附中艺美小学　石一

【特工发现】
　　我不仅看到了这项华夏科技，我还做了进一步的探究和思考，地动仪是由东汉时期的张衡发明，形状类似一个酒桶，是用铜铸造的。地动仪有八个方位，每个方位上均有口含龙珠的龙头，在每条龙头的下方都有一只蟾蜍与其对应。内部构造基于"悬垂摆原理"建造而成。任何一方如有地震发生，该方向龙口所含龙珠即落入蟾蜍口中，由此便可测出发生地震的方向。

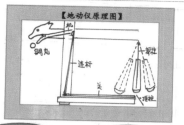

【地动仪原理图】

铜丸　　机　　横杆

连杆　　关　　立柱

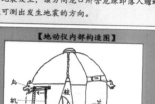

【地动仪内部构造图】

丸　机　桥　关　道

　　这项科技不光是在古代厉害，其实，地动仪还有一个模型是现代地震学的奠基人——英国人庄·米尔恩在1883年设计的，是他第一个把后汉书翻译成英文，向全世界介绍张衡的，米尔恩在了解了张衡地动仪的悬垂摆原理后，于1894年设计出世界上第一台近代地震仪，也就是说，张衡的科学理论对世界地震学是产生过一定影响的。

第二页

地动仪　北京市东城区史家胡同小学　王皓达

浑天仪和地动仪

张衡

　　张衡是东汉时期著名的天文学家、数学家、发明家、地理学家、文学家。

　　张衡在天文学方面作出了杰出的贡献，发明了浑天仪、地动仪，被后人誉为"木圣"。由于他的突出贡献，联合国天文组织将月球背面的一个环形山命名为"张衡环形山"。

　　公元132年，张衡发明了最早的地动仪，后来又创制了比前人更精确的浑天仪。

　　浑天仪用一个直径四尺多的铜球，球上刻有28宿，中外星宫以及黄赤道、南北极等，用流水使天球转动，显示星象。

四小班　青年湖小学　蒋敬涵

　　地动仪用精铜铸成，圆径八尺，顶盖突起，形如酒樽。它有八个方位，每个方位上均有一条口含铜珠的龙，龙的下方各有一只蟾蜍对应，如有地震发生，铜珠就会落入蟾蜍口中。

浑天仪和地动仪　北京市第一七一中学附属青年湖小学　徐敬涵

特工发现

我觉得这项华夏科技很厉害、很神奇，因为这项华夏科技在公元132年东汉时期被国家伟大的科学家张衡制成，是世界上最早的地震仪。近代的地震仪在1880年被制成，它的原理和你所预料的状态原理相似，但是当时间比却晚了1700多年。早在公元134年的甘肃西南部的地震检测，完全证实了它检测地震的准确性和灵敏性。可惜的是，这地动仪早已失传，我们现在看到的是后人根据史籍复原的地动仪。

我不仅看到了这项华夏科技，我还会进一步的探寻和思索：地动仪是怎么样运作的呢？

在查阅了相关资料和看地动仪的内部构造后我明白了其构造原理，都柱在地表加入内部的块，它的构造隐含特殊的候风机天等都在运作，牙机的连杆都可咄关，地震波来临时，候风机关与里动到关的位置牙机关有不误到触发牙机，使龙头吐出铜钱至蛙丸。牙机可以，低到地震波前到来时发起。

特工感言

我是华夏科技小特工，通过这次活动，我感受到了前人的智慧是多么伟大，竟然能在两千多年前科技并不发达的时代，制造出1700年以后才有的东西。前人的经验总是值得我们效仿的，因为那是无数次失败积累下来的成功与经验。

地动仪　北京市第二十二中学　夏雪怡

特工发现

我觉得这项华夏科技很神奇、很厉害，因为它是一种专门用来感应发生地震的时间和地点的仪器。它的构造和外观很有趣：上方有八只龙，每只龙的嘴里都含着一颗龙珠，每只龙下面都对应着一只蟾蜍。你知道它是如何告知人们地震位置的吗？八只龙分别对应着不同的方位，何处有地震来临，该方向的那只龙嘴里含的龙珠就会掉下来，落入下面蟾蜍嘴里。

地动仪之所以能感应地震，是因为它能感受到地面上任何方向的细微的震地之动，感受到震动之后，龙珠就会落下来。起初，地动仪并没有得到人们的信任。直到后来，地动仪准确地探测出了地震的方向。从此，人们都对地动仪和发明它的张衡赞许有加。

特工感言

五千年文明，五千年智慧，五千年精神。五千年的漫长岁月中，我们的祖先做出了无数的发明和创造。到今天，我们更应该学习、了解它们。通过这几天对地动仪的学习，我不仅收获了知识，还更加敬佩我们的祖先了。

地动仪　北京市东城区回民小学　张婧怡

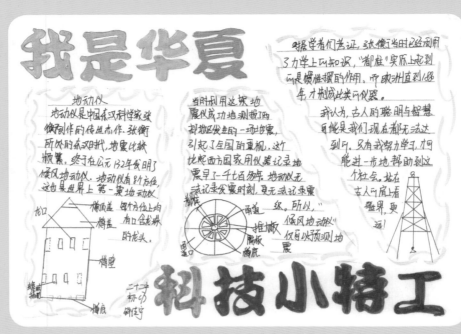

地动仪　北京市第二十二中学　钱佳宁

地动仪　北京市第一七一中学附属青年湖小学　朱妍妹

【特工发现】

我觉得这项华夏科技很神奇，很厉害：(地平经纬仪)：

此仪是康地平经仪和象限仪的构造与作用于一体。所不同的是，将象限弧向上，游表不用夹缝方法而采用游表两端各开一窥孔的方法，裁师上与前两架仪器有所不同。它是古观象台唯一采用西方文艺复兴时期法国式艺术装饰的天文仪器。使用时减少了由两架仪器测量所带来的误差。

仪重：7368千克

仪宽：1.8米

仪高：4.125米

历史变迁：1900年，该仪和其他四架仪器被搬至法国驻华大使馆，1902年归回。仍可见弹孔。

我不仅看到了这项华夏科技，我们还做了进一步研究和思考：这个经纬仪用于测量天体的地平坐标。地平经纬仪制于康熙52～54年。主要由地平圈、象限环、直柱、窥镜四部分构成。

这令我们感受到古代设计的精造。随着发展，我们的一切都在发展，一步步走向现代化，拥有卫星探测。

【设计/原理草图】

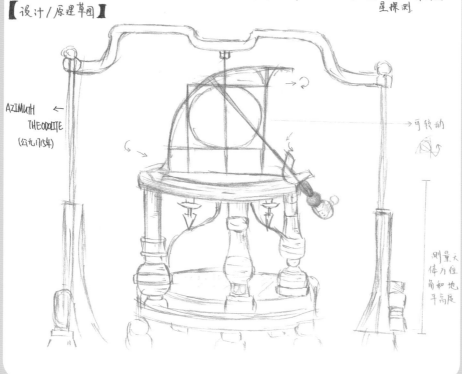

AZIMUTH THEODOLITE
(公元1715年)

可转的

测量天体方位角和地平高度

特工小档案:

姓名:张思博

年龄:7

学校:史家小学

班级:二一班

我的合作伙伴:妈妈

华夏科技小档案:

我发现的古代科技发明创造:圭表.(登封测影台模型)

发现地点:古观象台

天气.温度:多云.1℃

我觉得这项华夏科技很神奇.很厉害,因为:圭表是古代科学家发明度量日影长度的一种天文仪器,由"圭"和"表"两部分组成.直立于平地上测日影的标杆和石柱,叫表;正南正北方向平放的测定表影长度的刻板,叫圭.正午时表影投在石板上古人就能直接读出表影的长度值.再根据表影长度值来确定季节和一年的长度.比如连续两测测得表影最长值相隔的天数,就是一年的时间长度。

圭表 北京市东城区史家胡同小学 张思博(1)

▶我还做了探究:◀

通过"立竿见影"原理,图如下

人们将每日影最长定为"冬至",日影最短为"夏至",在春秋两季各有一天的昼夜时间长短相等定为"春分""秋分"。

▶它在现代还有应用:◀

圭表计算出的一个回归年的长度为365日,元代天文学家郭守敬所测出的回归年长度和现行的回归年长度仅差26秒。

由圭表测量进一步定制出的二十四节气一直沿续到现在,指导从事农业活动。

▶特工感言:◀

在古观象台我见到了许多古代天文方面的的仪器.我钦佩古人的智慧,有这么丰富的想象和实践能力!

圭表 北京市东城区史家胡同小学 张思博(2)

青少年眼中的中国古代科技

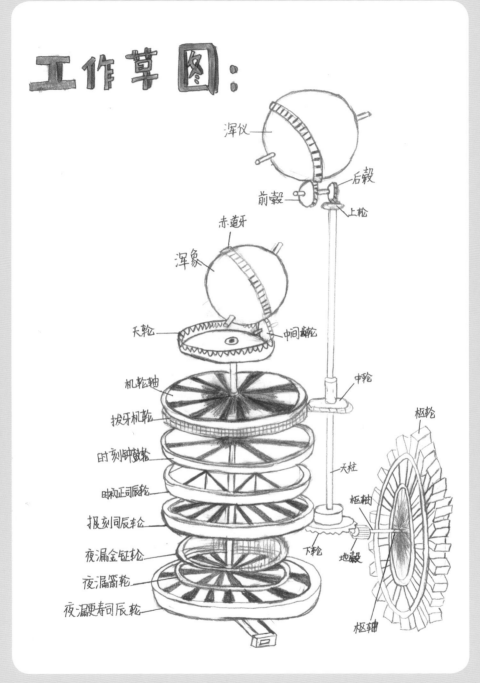

工作草图：

浑仪

后毂

前毂

上轮

赤道牙

浑象

天轮

中间辅轮

机轮轴

中轮

拨牙机轮

时刻钟鼓轮

天柱

时初正司辰轮

报刻司辰轮

枢轮

夜漏金钲轮

枢轴

夜漏箭轮

下轮

地毂

夜漏更筹司辰轮

枢轴

浑天仪　北京市东城区史家胡同小学　李江涵

科 学 笔 记

华夏科技

日期：2019 2月17日　　天气：晴　　地点：天文台　　温度：6°

名称
浑天仪

发现地
南京紫金山天文台

天气
碧空如喜

温度：6°

浑天仪

浑天仪是浑仪和浑象的总称。浑仪是测量天体球面坐标的一种仪器，而浑象是古代藉以演示天象的仪器，而浑象是古代用来演示天象的仪表。浑仪发明者是我国西汉的落下闳，东汉时期伟大自然科学家张衡进行改进。

特工感言

华夏科技闻名天下，我们作为学生应该多多了解华夏的发明创造，在你走进博物馆、图书馆之后，我们就会发现这些古代创造中蕴含的丰富智慧，希望大家可以成为华夏科技宣传小特工。

关于浑天仪

浑天仪

浑天仪的构造

浑象的构造是一个大圆球上刻画或镶嵌星宿、赤道、黄道、恒隐圈、恒显圈等，类似天球仪。

浑仪是一观测仪器，内有窥管，亦称望管，用以定昏、旦和夜半中星以及天体的赤道坐标，也能测定天体的黄道经度和地平坐标。浑仪由早期四游仪和赤道环组成。从汉代到北宋浑仪增加黄道环、地平环、子午环、六合仪白道环、内赤道环、赤经环等。北宋的沈括取消白道环，改变一些环的位置。元代郭守敬取消黄道环，并把原有的浑仪分为了两个独立的器：简仪和立运仪。

浑天仪的原理

滴漏壶是古代测知时刻用的仪器，它用一个特制盛水的器皿，下面开个小孔，水一滴一滴流到刻有时刻记号的壶里，人们只要看到壶里水的深浅，就可以知道是什么时刻。当时没有发明钟表，我们的祖先就用它来测定时刻。张衡运用这个原理，设计了一组滴漏，巧妙地应用两个壶和浑天仪配合起来，利用壶运作出的水力量来推动齿轮，齿轮再带动浑天仪运转，通过恰当地选择齿轮个数，巧妙地使浑天仪一昼夜转动一周，把天象变化形象地演示出来，人们就可观察日月星辰。

姓名：石一　年龄：12　学校：美院　年级：六班级3　性别：女

浑天仪　北京市中央工艺美院附中艺美小学　石一

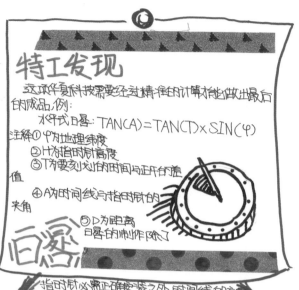

特工发现

这项华夏科技需要经过精准的计算才能做出最后的成品，例：

水平式日晷：TAN(A) = TAN(D) × SIN(φ)

注释① φ为地理纬度
② H为指时针高度
③ T为要刻划的时间与正午的差值
④ A为时间线与指时针的夹角
⑤ D为距离

日晷的制作除了指时针必须正确安装之外，时间线的刻划也不能忽视。各形日晷时间线的刻划均与φ、H、T、AD有关系。

日晷的原理就是利用太阳投射的影子来测定并划分时刻。日晷通常由铜制的指针和石制的圆盘组成。这种利用太阳光的投影来计时的方法是人类在天文计时领域的重大发明，这项发明被人类沿用达千年之久。晷面两面都有刻度，分别为：子、丑、寅、卯、辰、巳、午、未、申、酉、戌、亥十二时辰，每个时辰又等分为"时初"，"时正"，这正是一日是24小时。

日晷　北京市东城区史家胡同小学　仇紫瑶

华夏科技小特工科学笔记

[特工小档案]

姓名：刘语凡 刘佳欣

年龄：12

学校：二十二中

班级：初一·七班

[华夏科技小档案]

· 我发现的中国古代科技发明创造的名字是：日晷

· 这项华夏科技被我发现的地点是：故宫

· 当时周围的天气、温度是这样的：晴，8℃

[特工发现]

· 我觉得这项华夏科技很神奇、很厉害，因为：日晷计时的方法是人类在天文计时领域的重大发明，这项发明被沿用达到了千年之久。日晷通常由铜制的指针和石制的圆盘组成。要把晷针的上端指向北天极，下端正好指向南天极。晷面两面都有刻度，分别为十二个时辰，正是一日24小时。我们使用日晷的历史十分久远，早在3000多年前的周朝，比古巴比伦还要早，如今发展成了一块块表。日晷不但能显示出一天的时间，还可以显示出来节气和月份。

· 我不仅看到了这项华夏科技我还做了进一步的探究和思考：

日晷是利用太阳投射出来的影子来测定时刻的装置。它的指针由铜制成叫做"晷针"，垂直地穿过圆盘中心，起着在圭表中立竿的作用，所以晷针又叫"表"。日晷石制的圆盘叫做"晷面"，南高北低，使晷面平行于天赤道面。

一天中，晷针影子的长短在改变着。早晨，影子最长，随时间推移，它就逐渐变短。影子的方向也是在改变的，早晨在西方，中午时在北方，而傍晚时它就在东方了。

[特工感言]

Ladies and gentlemen，我是华夏科技小特工，通过这次活动，我要发表我的感悟和收获。啦～：

在这次观察了解日晷这个华夏科技，让我觉得它十分神奇，让我赞叹又古人的智慧以及无比强大的动手能力。我们要保护好文物，不破坏它们，让我们的子孙后代见到它们，因为文物损坏就无法修复。我们也应该好好学习，获得更多知识，成为祖国的栋梁，为祖国以后的发展献出一份力量。

日晷　北京市第二十二中学　刘语凡、刘佳欣

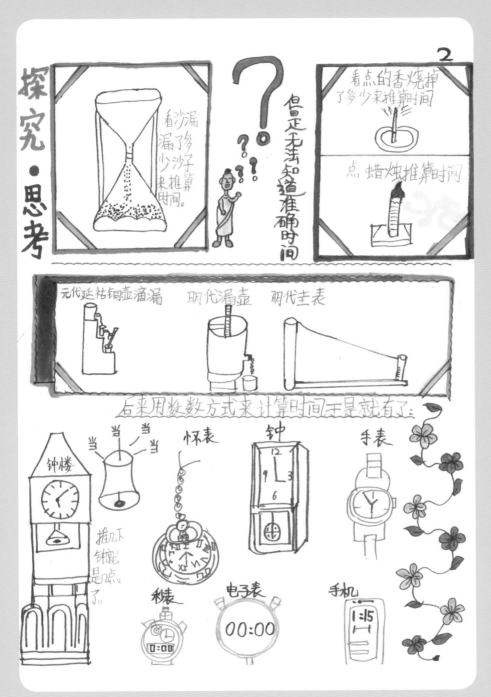

日晷　北京市东城区史家胡同小学　马雨航（1）

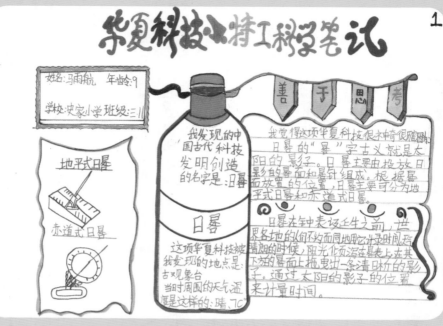

日晷　北京市东城区史家胡同小学　马雨航（2）

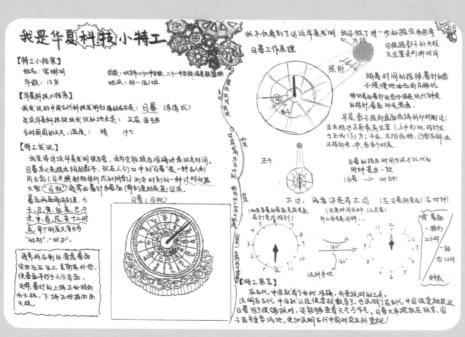

日晷　北京市第二十二中学第二十一中学联盟校　宫琳玥

华夏科技小档案：

我发现的中国古代科技发明创造的名字是：日晷（guǐ）

这项华夏科技被我发现的地点是：紫禁城（故宫）太和殿前

当时周围的天气、温度是这样的：小雪⇔多云 -2°/-6° 南风3级 空气质量一良

特工发现：

我觉得这项华夏科技很神奇、很厉害，因为：日晷是世界上第一个"时钟"，在它发明之后，钟表发明之前，人们一直都用它来记录时间，而且长达千年之久！日晷，是太阳的影子，其实就是太阳的轨迹。而现代的"日晷"指的是人类古代利用日影测得时间的一种计时仪器，又叫"日规"。实际上，利用日晷计时的方法是人类在天文的计时领域的重大发明，而且，还是一项令人目瞪口呆的古代发明！不仅如此，日晷不但能显示时间，还能显示节气和月份。而且，日晷可以在任何物体的表面上，让固定的指针产生阴影来测量时间。

特工感言：

这次活动让我对日晷有了进一步的认识与了解。以前我只知道日晷是古代的一种计时工具，可不知道它的原理、它的功能……但这次，我知道了日晷的原理、功能、用法、历史、发明的时间……而且，还让我感叹并且佩服了古人聪明的头脑，让我感受到了中国文化的魅力，真是受益匪浅！

太和殿（外观）

日晷 北京市东城区史家胡同小学 沈怿彤

日晷 – 徐东灏

水运仪象台　北京市第二十二中学　孙嘉悦

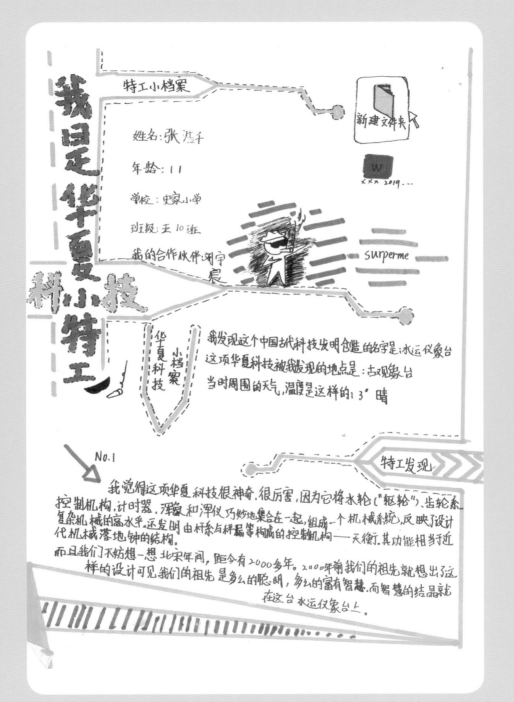

特工小档案

姓名：张浩千

年龄：11

学校：史家小学

班级：五10班

我的合作伙伴：闫宇宸

新建文件夹

w

xxx 2019...

superme

华夏科技小档案

我发现这个中国古代科技发明创造的名字是：水运仪象台

这项华夏科技被我发现的地点是：古观象台

当时周围的天气、温度是这样的：13°晴

No.1

特工发现

我觉得这项华夏科技很神奇、很厉害，因为它将水轮（"枢轮"）、齿轮系、控制机构、计时器、浑象和浑仪巧妙地集合在一起，组成一个机械系统，反映了设计复杂机械的高水平。还发明由杆系与杆偏等构成的控制机构——天衡，其功能相当近代机械落地钟的结构。

而且我们不妨想一想北宋年间，距今有2000多年，2000年前我们的祖先就想出了这样的设计可见我们的祖先是多么的聪明，多么的富有智慧。而智慧的结晶就在这台水运仪象台上。

水运仪象台　北京市东城区史家胡同小学　张浩千

[学生档案]

郭云舒
高二5班
学校: 22中
年龄: 17

[科技小档案]

我发现的中国古代科技发明创造的名字:

铜制简仪

地点: 北京古观象台.

[发现]

简仪是我国古代的一种天文观测仪器,它与浑仪一样用于测量天体的位置。但是,浑仪的结构比较繁杂,观测的目标常被套在环与环相互遮挡着视线的现象,使用极不方便。元朝天文学家郭守敬将浑仪化为两个独立的观测装置,安装在一个底座上,每个装置都十分简单实用,而且除北极星附近以外,整个天空一览无余。因此,古人称这种装置为"简仪"。

[原理]

简仪的主要装置是由两个互相垂直的大圆环组成,其中的一个环面平行于地球赤道面,叫做"赤道环";另一个是直立在赤道环中心的双环,能绕一根金属轴转动叫做"赤经双环"。

双环中间夹着一根装有十字丝装置的窥管,相当于单镜筒望远镜,能绕赤经双环的中心转。

原理简图:

[感悟]

这是我国首先发明的赤道装置,要比欧洲人使用赤道装置早300年左右。

我惊叹于古人的智慧,一件件文物是古人智慧的结晶,他们虽然像流星,在历史长河中一闪而过,但他们却成了一种文化符号,被人们无数次地评价着。

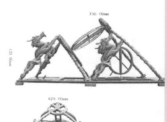

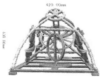

铜制简仪　北京市第二十二中学　郭云舒

我发现的中国古代科技发明创造 的名字是：仰仪
　这项华夏科技被我发现的地点是：北京古观象台
　当时周围的天气、温度是这样的：6℃时 轻度污染

仰 仪

　　仰仪是我国古代汉族天文学家的一种天文观测仪器，由元朝天文学家郭守敬设计制造。

　　仰仪为一铜制的中空半球，仰口向上，口径1丈2尺，内壁绘有赤道坐标网络。在半球的球心上置一叶铜片，中有一个小孔。

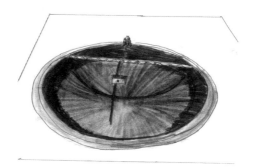

　　仰仪是采用直接投影方法的观测仪器，非常直观、方便。例如，当太阳光透过中心小孔时，在仰仪的内部球面上 就会投影出太阳的映像，观测者便可以从网格中直接读出太阳的位置了。尤其在日全食时，它能测定日食的全过程，连同每一个时刻、日食的方角、食分多少和日面亏损的位置、大小都能比较准确地测量出来。这架仪器它甚至还能观测月球的位置和月食情况。被称为"日食观测工具的鼻祖。"

仰仪　北京市中央工艺美院附中艺美小学　陈艺萌

仪器作用

　　转动璇玑板，使它正对太阳，太阳光通过小孔在球面上成像，从坐标网上立刻可以读出太阳去极度数和日晷，由此可知当地季节和各大日用，仰仪是利用直接投影的方法的仪器非常直观灵，让阳光通过小孔射在仰仪的内部详细地就投影出太阳的时象，直接表出，尤能表出日食现象。利用仰仪能预测出日食的方位角，能够知道日面云损的位置。

小孔成像

　　把一支铅笔或者细的蜡烛，在一张硬纸片的中部扎一个小孔圆圆，小孔的直径约三毫米，设在桌子上，然后桌上窗帘使室内的光线更暗，点上一支蜡烛放在靠近小孔，拿一张白纸，把它放在小孔的另一面观察，你会看到一个倒立的烛焰，当纸离蜡烛比较近的时候小而明亮，当白纸越来越远，像慢慢变大，要暗。

我的感受

　　古代人在当时那种背景、环境、情况下，竟想出我们现代人也不能想到的用小孔成像来观测太阳，古代人靠自己的努力来创造出奇迹！到如今，我们的环境、情况、背景都比以前好，所以我们不能辜负这些资源，我们要更努力地付出，更努力地学习，创造出更伟大的奇迹！

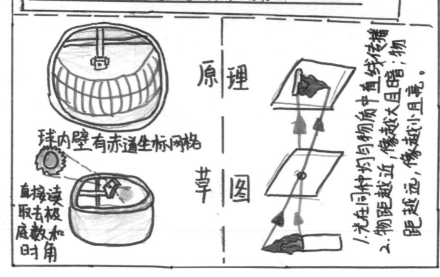

球内壁有赤道坐标网格

直接读取去极度数和时角

原理草图

1.光在同种均匀物质中沿直线传播，物距越近，像越大且暗；

2.物距越近，像越近，像越小且亮。

仰仪　北京市东城区史家胡同小学　贾桐

水运仪象台

北京市东城区史家胡同小学

张浩千、刘宇宸、范沐锦、胡澍楷

一、概述

水运仪象台是中国古代天文学家发明的一种大型天文仪器，由北宋天文学家苏颂等人创建。它是集观测天象的浑仪、演示天象的浑象、计量时间的漏刻和报告时刻的机械装置于一体的综合性观测仪器，实际上是一座小型的天文台。这台仪器的制造水平堪称一绝，充分体现了中国古代劳动人民的聪明才智和富于创造的精神。这其中最巧妙的设计就是传动。传动是指机械之间的动力传递，也可以说将机械动力通过中间媒介传递给终端设备，这种传动方式包括链条传动、摩擦传动、液压传动、齿轮传动以及皮带式传动等。

二、感受

在中途我们遇到了很多困难和挫折。比如：我们虽然只有 4 个人，但是我们因为各种原因人总是凑不齐；我们上台是第一次 4 人合成，之前没有进行过任何排练，所以第一次上台还是很吃力的。不过经过第二轮的磨合，效果明显好多了。

三、研究方法

我们通过查阅有关物理传动的书籍、文献，还通过去古观象台听讲解、照照片、做笔录和询问有关人士对这几种方法进行调查。之后进行资料和知识的整合，浓缩成精华，放在 PPT 里（关于 PPT 的制作方法和经验在 PPT 板块里）。又通过模型制作浑仪和浑象了解其原理。

四、PPT

在这个 PPT 里我们采取了精简版的设计，每一页基本不超过 50 字，以多图少字为宗旨。一些原理，用文字写比较复杂，不好理解。

五、分工协作

在演讲词的分配方面，胡澍楷和范沐锦的字数相对来说比较少，他们负责辅助张浩千和刘宇宸进行演讲和道具的使用。张浩千是主讲人，大部分的演讲词是张浩千说的，刘宇宸负责加以补充和衬托，同时包括一部分简介。板书方面主要由胡澍楷负责，记录的内容包括齿轮的动向、运动的方法和标题。范沐锦主要负责帮助刘宇宸使用道具，包括转动齿轮和切换 PPT。

六、特别鸣谢

特别感谢北京市东城区史家胡同小学王红老师以及科学组的全体老师们。

特别感谢北京市第二十一中学、"华夏小特工"的主办方、古观象台的工作人员。

● 侦探感言

大家好！我是史家小学学生范沐锦。我和我的团队参加了科技小特工活动。我们讲解的是水运仪象台这个古代大型机械。水运仪象台是宋代科学家们的智慧结晶，它是集天文仪器和报时装置于一体的小型天文台。

我们主要研究的是它的齿轮传动部分。我们研究了两个齿轮传动、三个齿轮传动、环形齿轮传动以及侧轮传动，并且深入研究了多个齿轮传动组合。我们发现：双数齿轮组合是可以转动的，但是单数不行。为什么会这样呢？通过绘制齿轮受力方向，我们发现，两个齿轮相互咬合时转动方向是相反的。假设 A 齿轮是以顺时针方向转动的，B 齿轮是以逆时针方向转动的，这时出现了齿轮 C，A 齿轮要求它逆时针转动，B 齿轮要求它顺时针转动，于是这三个齿轮只能相互卡着转不动了。

在实验的过程中，我们四位同学互相帮助、借鉴、学习，收获了从前没有的知识。这次活动培养了我们的团队精神，使我们受益匪浅。这样的科学活动我们以后会继续参加，继续努力，在科学的道路上不断进步。

北京市东城区史家胡同小学　范沐锦

● 精彩瞬间

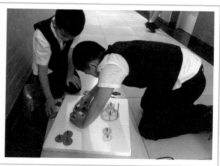

漏 刻

侦探笔记

【特工箴言】

ladys and gentlemen,我是**科技**小特工,通过这次活动,我要发表我的感悟和收获啦~:

　　这次国家博物之旅让我印象深刻的就尤是铜壶滴漏了。通过做进一步的思考,我知道了铜壶滴壶的计时原理。但我明白,她还有着很多的秘密在等着我呢,加油!

铜壶滴漏　北京市东城区西中街小学　夏璟然

漏刻　北京市第十一中学附属精忠街小学　周云清（1）

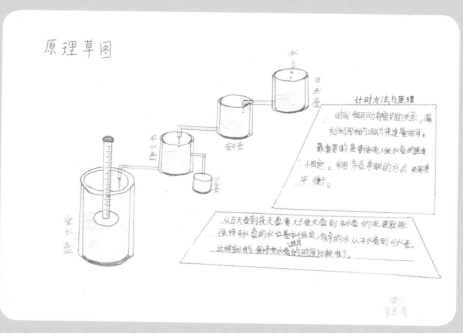

漏刻　北京市第十一中学附属精忠街小学　周云清（2）

我不仅看到了这项华夏科技，我还做了进一步的探究和思考。铜壶滴漏的工作原理是在某一条件下每个滴落水珠的大小及其形成的时间相等。水从高度不等的几个容器里依次滴下来，最后滴到最底层的有浮标的容器里，根据浮标上的刻度也就是水位来读取时间。这样无形的时间换成了有形的尺寸。

铜壶滴漏原理

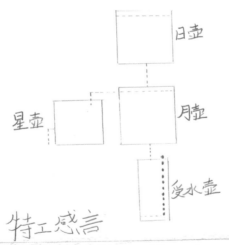

日壶

月壶

星壶

受水壶

特工感言

我的感悟和收获：这个滴漏制于700年前，是我国现存的最大最完整的古代计时工具。它的计时原理充分反映了古代人的智慧和铸造技术。壶身上还特别有个龟蛇合体的玄武形铜盖，玄武是司水之神，体现了地方特色。

铜壶滴漏　北京市东城区史家胡同小学　李璟恬

科 学 笔 记

华夏科技

日期：2019 2月16日　　天气：晴转多云　　地点：学校　　温度：5°

秒表是一种常用的测时仪器，又可称"机械停表"。由暂停按钮、发条柄头、分钟等组成，它是利用摆的等时性控制指针转动而计时的。

秒表的构成

秒表

秒表的原理

机械秒表，它分为单针和双针两种。单针式秒表只能测量一个过程所经历的时段，双针式秒表能够分别测量两个同时开始不同时结束的过程所经历的时间。秒表是一种单针式秒表。秒表由频率较低的机械振荡系统，锚式擒纵调速器，操纵秒针起动、制动和指针回零的控制机构发及齿轮组成。

特工感言

中国科技只有你想不到，决没有是他们做不到的，就尤连秒表都蕴含着如此之多的科学奥秘和科学知识。真心希望大家可以走进博物馆、图书馆去了解学习过这方面的知识，希望各位同学也能成为一名合格的华夏科技代认。

姓名：石一　年龄：12　学校：艺美小学　年级：六　班级：3　性别：女

秒表　北京市中央工艺美院附中艺美小学　石一

中国古代科技发明 之

计时工具

圭表　日晷　铜壶滴漏

姓名：包知怡
年龄：9岁
学校：史家小学
班级：三年级7班
我的合作伙伴：苗清泉

文字描述

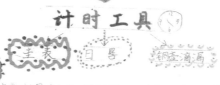

圭表：古代最古老的测算时间的工具。由"圭"和"表"组成。平地上的标杆或石柱叫作"表"，顺着正南正北的方向平放在地上，有刻度的尺子叫作"圭"。《周礼·大司徒》里记载的土圭这个词，说的就是度量用的圭尺。圭一般是由木头、石头或玉石制作而成的。

日晷：在圭表的基础上发展出来的。包括晷盘和晷针两部分，晷针的影子会随着时间的变化在晷盘上不停地移动，从而表示不同的时刻。

铜壶滴漏：由播水壶和受水壶两部分组成，播水壶在上面，由小孔向下面的受水壶滴水，受水壶里有立箭，箭上有刻度，这样就可以表示时间了。

圭表日晷铜壶滴漏　北京市东城区史家胡同小学　包知怡、苗清泉（1）

探索思考

我们现在一看手表手机就可以知道几点了，可是在此之前，我们智慧的先人们已经发现了掌握时间的重要性。而古人们发现用一根竹竿立在地上马上就有影子出现，而不同时间中竹竿的方向、角度都不一样。夏天白天比黑夜长，太阳升得比较高，而竹竿的影子就短。冬天黑夜比白天长，太阳升得比较低，而竹竿的影子就长。而经过长年累月的观察和积累，古人们终于发现了其中的规律，他们并根据这些造出了最早的计时工具圭表。

感悟收获

（播水壶）
（受水壶）

在距今约4400年到3800年前的龙山文化的遗址中，考古学家们发现了木制的圭表和汝阴侯星盘。古代先民们通过仔细观察不断尝试最终发明了实用的计时工具，对古人的科技进步起到了巨大的推动作用，这背后渗透的踏实求真的科学精神，努力探索的科学能力，都值得我们好好学习！

圭表日晷铜壶滴漏　北京市东城区史家胡同小学　包知怡、苗清泉（2）

历史久远的计时工具——漏刻

北京市第十一中学附属精忠街小学

孙岳周　张为　李玏　刘天祎　叶晨熙　罗欣然

　　漏刻是中国历史上使用时间最长、应用最广的计时装置。它克服了圭表和日晷需要用太阳的影子计算时间而在阴雨天或夜晚无法使用的弱点，成为人类第一种全天候的计时工具。据史书记载，西周时就已经出现了漏刻。漏刻计时器的出现对提高人们的生活水平有着重要的现实意义，但古人对其精度并没有系统的理论研究。作为现代人，我们自然很好奇古人能够达到怎样的计时精度。抱着这种疑问，我们收集了大量的资料，了解漏刻不断改进发展的历史。我们研究了漏刻的工作原理，模拟不同类型的漏刻完成了实验探究。

　　一、背景研究

　　（一）什么是漏刻

　　漏刻，中国古代科学家发明的计时器。漏刻由漏壶和标尺两部分构成。漏是指带孔的壶，刻是指附有刻度的浮箭。漏刻是一种典型的等时计时装置，计时的准确度取决于水流的均匀程度。不仅古代中国使用过，而且古埃及、古巴比伦等文明古国都使用过。

　　（二）工作原理

　　漏是指计时用的漏壶，刻是指划分一天的时间单位，它通过漏壶的浮箭来计量一昼夜的时刻。最初，人们发现陶器中的水会从裂缝中一滴一滴地漏出来，于是专门制造出一种留有小孔的漏壶，把水注入漏壶内，水便从壶孔中流出来，另外再用一个容器收集漏下来的水，在这个容器内有一根刻有标记的箭杆，相当于现代钟表上显示时刻的钟面，用一个竹片或木块托着箭杆浮在水面上，容器盖的中心开一个小孔，箭杆从盖孔中穿出，这个容器叫"箭壶"。

　　随着箭壶内收集的水逐渐增多，木块托着箭杆也慢慢地往上浮，古人从盖孔处看箭杆上的标记，就能知道具体的时刻。漏刻的计时方法可分为两类：泄水型和受水型。漏刻是一种独立的计时系统，只借助水的运动。

后来古人发现漏壶内的水多时，流水较快，水少时流水就慢，显然会影响计量时间的精度。于是在漏壶上再加一只漏壶，水从下面漏壶流出去的同时，上面漏壶的水即源源不断地补充给下面的漏壶，使下面漏壶内的水均匀地流入箭壶，从而取得比较精确的时刻。

（三）漏刻类型

1. 沉漏

沉漏是最早用来计时的漏刻，它是指箭尺随时间下沉的漏刻，又称"沉箭漏"，属于泄水型漏壶。在漏水容器中放刻度尺，从而能依刻度读出更细的时间。但是，由于漏水速度是和水面高度相关的，随着水面下降，漏水孔上压力减小，而截面面积不变，所以漏水速度会减慢，从而它的计时也越来越不准确。古代人通过长期观察了解到简单截面的单壶沉漏一定会出现这个问题，但是由于知识所限，他们不知道解决方法，所以古人努力的方向就是通过增加补偿壶的方法来尽量保持水面的高度一致。

2. 浮漏

沉漏的一个最大缺点是漏水速度不均匀，这导致其精确性下降。但是古代人没有设计出不同水位具有相同漏水速度的漏壶，那么要使漏壶漏水均匀，他们就尽量保持水位在同一个高度。他们先后设计了单级浮漏、二级补偿及高级补偿性浮漏。增加补偿壶的作用是使下一级供水壶内水位稳定。多只漏壶上、下依次成串联的形式，通过设置多个漏壶不断地补偿，从而保证流入装有浮箭的受水壶的水量保持平稳，标尺由于受水的浮力均匀上升，使得计时更加精准。

3. 秤漏

最早的秤漏是北魏道士李兰发明的。秤漏的特点是通过称铜壶中的水的重量而知道时间。秤漏有一只供水壶，通过一根虹吸管（即古代的渴乌）将水引到一只受水壶（称为权器）中。权器悬挂在秤杆的一端，秤杆的另一端则挂有平衡锤。当流入权器中的水为一升时，质量为一斤，时间为一刻。聪明绝顶的李兰就将秤与虹吸原理结合在了一起。为了让出水时的流量恒定，他非常机智地在受水壶中放了一个"浮子"。这个浮子与渴乌相连，这样，水位下降，浮子也随之下降，那么水面与入水口的高度就是恒定的，水的流量也就是恒定的。

4. 浸流式浮漏

秤漏虽然比较精确，但它不能连续读取时间，不如浮漏方便。北宋燕肃和沈括的漫流式浮漏解决了这方面问题。它是一个二级浮漏的改进，它使上级壶泄水速度大于下级壶泄水速度。于是，下级供水壶的水就会漫溢，从而让下级供水壶的水保持在容器口出。这样，保证了水位不变。如果水流比较稳定，它的计时精确性就很好。

（四）漏刻历史

漏水壶的关键在于"漏"。古代的人们在用陶器取水、储水的时候，因陶器质地疏松，难免出现漏水现象，人们通过长期观察，注意到漏水容器水面下降的高低和时间有一定对应关系，从而制成了专门用于计时的漏水壶。至于发明漏水壶计时器的年代，目前尚不能确定。我国的历史文献中曾说："漏刻之作盖肇于轩辕之日，宣乎夏商之代。"若据此说，漏刻是产生在黄帝时代，也就是原始社会末期，到夏商时已普遍使用，然目前尚缺少实物证据。另据《周礼》记载，西周时已有专门掌管漏壶计时的官员——挈壶氏，这说明至迟在距今3000年的时候，已正式使用和管理漏壶了。

下面介绍几个具有代表性的漏刻。

（1）千章铜漏：西汉青铜漏壶，1976年出土于内蒙古。这是一只单只沉箭式漏壶。漏壶中插入一根刻有时刻的标竿，称为箭。箭下以一只箭舟相托，浮于水面。接近壶底部有一个出水口。利用重力原理，水向低处流，当水流出时，箭杆相应下沉，以壶口处箭上的刻度指示时刻。

（2）元代延佑三年（1316年）铸造的多级漏刻，是中国现存此类漏壶中最早的一套，分日壶、月壶、星壶3级，下面还有一件受水壶。整套置于阶层式座架上，上下依次串联成为一组，每只漏壶都依次向其下一只漏壶中滴水。受水壶中央有刻尺、浮箭。多级漏刻和多级供水，进一步保证了流量的稳定，从而提高了计时的准确度。

（3）下图是根据北宋燕肃所著《莲花漏法》

中的记录绘制的图片。莲花漏采用溢流法，它创造出漫流系统，使多余的水从漏壶上部的小孔中流出以保持水位持续稳定，消除了因水位变化所造成的误差。它的浮箭穿过莲心且沿直线上浮，不会因浮力摇摆。计时的精确度因此提高。

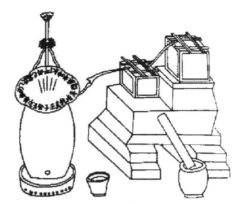

（4）下图是一种特殊类型的漏刻，叫秤漏，用中国秤称量流入受水壶中的水的重量来进行计时。聪明的发明者将秤与虹吸原理结合在一起，为了让出水时的流量恒定，他非常机智地在受水壶中放了一个"浮子"。

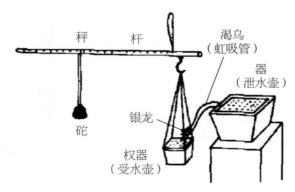

二、实验报告

探究性实验报告（一）

探究项目：探究单只泄水型漏刻的水位高度对漏刻匀速滴漏的影响情况

小组成员：孙岳周、叶盛熙、张为、刘天祎、罗欣然、李玏

指导老师：郭晶　　　　　　　实验时间：2019-4-26

（一）实验方案

实验名称	模拟单只泄水型漏壶水位变化实验
实验目的	1. 探究单只泄水型漏刻在无补偿的情况下，流量随时间的变化情况。 2. 探究单只泄水型漏刻的水位高度对漏刻匀速滴漏的影响。
实验器材	底部打孔的 1000ml 塑料烧杯、记录表、笔、计时器、多个有刻度的烧杯、1000ml 水。
实验步骤	1.1000ml 塑料烧杯底部打孔。 2. 手指堵住小洞，塑料烧杯装水。 3. 计时开始，手松开小孔，让水流出，用有刻度的烧杯接水。 4. 每 30 秒堵住烧杯底小孔，测量并记录流出的水量，连续多次测量。 5. 重复实验步骤 1~4 三次。

（二）数据分析及结论

数据分析	根据实验数据，模拟单只泄水型漏刻实验，出水量的平均值如下图所示： 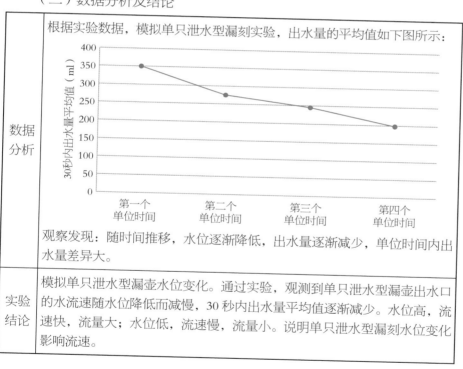 观察发现：随时间推移，水位逐渐降低，出水量逐渐减少，单位时间内出水量差异大。
实验结论	模拟单只泄水型漏壶水位变化。通过实验，观测到单只泄水型漏壶出水口的水流速随水位降低而减慢，30 秒内出水量平均值逐渐减少。水位高，流速快，流量大；水位低，流速慢，流量小。说明单只泄水型漏刻水位变化影响流速。

探究性实验报告（二）

探究项目：探究三级漏刻、四级漏刻、五级漏刻在存在补偿的情况下，流量随时间的变化情况。

小组成员：张为、刘天祎、罗欣然、李玏、孙岳周、叶盛熙

指导老师：郭晶　　　　　　　实验时间：2019-5-8

（一）实验方案

实验 名称	三级漏刻、四级漏刻、五级漏刻流速均匀程度对比实验
实验 目的	1. 模拟多个漏壶串联而形成的多级漏刻实验。 2. 探究三级漏刻、四级漏刻、五级漏刻在存在补偿的情况下，流量随时间的变化情况。 3. 探究三级漏刻、四级漏刻、五级漏刻在一定时间内的流速、流量是否均匀。
实验 器材	不同容积塑料烧杯（2000ml、1000ml、750ml、500ml）各1个，距底部同一高度打孔；完好的1000ml烧杯1个；不同高度的支架；水；笔；记录单
实验 步骤	1. 塑料烧杯距底部同一高度打孔。 2. 取距底部同一高度打孔的2000ml、1000ml、750ml、500ml塑料烧杯各一个、完好的1000ml烧杯一个，按照由大到小、由上到下的顺序串联成为一组，从高至低置于支架上。 3. 模拟五级漏刻。先堵住四个泄水壶的出水孔，再取水倒入四个泄水壶中，最后一只泄水壶水量为500ml，水位在500ml刻度线，用若干底部无孔的500ml烧杯充当受水壶接水。小组合作完成实验，一人负责观察最低级泄水壶水位变化，其他组员每30秒堵住所有出水孔，观察泄水壶水位，统计30秒单位时间内受水壶受水量，连续进行四次。重复实验三次。 4. 模拟四级漏刻。去掉最高处2000ml打孔烧杯，保证最后一只泄水壶水量为500ml，水位在500ml刻度线，重复以上实验。 5. 模拟三级漏刻。去掉2000ml打孔烧杯、1000ml打孔烧杯，保证最后一只泄水壶水量为500ml，水位在500ml刻度线，重复以上实验。

（二）数据分析及结论

数据分析

根据实验数据，三次模拟五级漏刻实验，受水壶水量如下图所示：

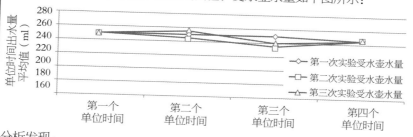

分析发现：

1. 最高处泄水壶水位变化大，第二级泄水壶水量增加，较低级泄水壶水位变化小，最低处泄水壶水位变化最小。

2. 多个漏壶不断地补偿，能保证流入装有浮箭的受水壶的水量基本平稳。

根据实验数据，三次模拟四级漏刻实验，受水壶水量如下图所示：

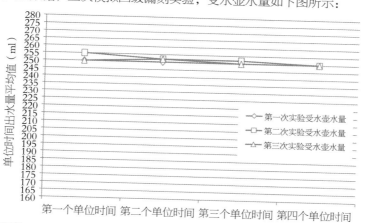

观察发现：

1. 最高处泄水壶水位变化大，第二级泄水壶水位增高，变化均匀，最低级泄水壶水位几乎没有变化。

2. 多个漏壶不断地补偿，能保证流入装有浮箭的受水壶的水量基本平稳。

89

数据分析	根据以上统计，三次模拟三级漏刻实验，受水壶水量如下图所示： 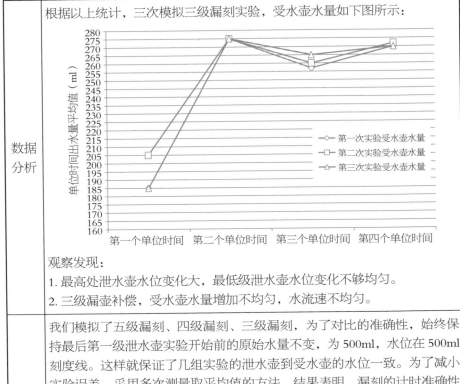 观察发现： 1.最高处泄水壶水位变化大，最低级泄水壶水位变化不够均匀。 2.三级漏壶补偿，受水壶水量增加不均匀，水流速不均匀。
实验结论	我们模拟了五级漏刻、四级漏刻、三级漏刻，为了对比的准确性，始终保持最后第一级泄水壶实验开始前的原始水量不变，为500ml，水位在500ml刻度线。这样就保证了几组实验的泄水壶到受水壶的水位一致。为了减小实验误差，采用多次测量取平均值的方法。结果表明，漏刻的计时准确性随着漏壶级数的增加而提高。通过对三级漏刻、四级漏刻、五级漏刻时间与流量的关系进行比较分析发现，四级漏刻、五级漏刻的流速稳定性明显好于三级漏刻。四级漏刻的水流速最稳定。可以得出结论：通过多级泄水壶的补偿可以提高漏刻的精度。四级漏刻准确度最高。单只泄水型漏刻的水位高度影响漏刻匀速滴漏。多级漏刻中泄水壶的级数影响漏刻匀速滴漏。

三、研究方法

在这次探究漏刻计时的活动中，我们采用了如下方法。

文献法：我们上网查阅了大量资料，通过阅读《漏刻——历史久远的计时工具》让我们了解了漏刻的基本类型及工作原理；《漏刻的仿真分析》让我们了解到，通过建立数学模型可以研究漏刻计时精度变化的状况。我们还在网上阅读了大量文章。

实验法：我们用带有刻度的塑料烧杯模拟漏刻，自制了实验工具，进行两组实验，分别是模拟单只泄水型漏壶水位变化实验和三级漏刻、四级漏刻、五级漏刻流速均匀程度对比实验模拟法：根据漏刻原型的结构形态的特性，选择相似的模型模拟其工作原理进行研究。探究三级漏刻、四级漏刻、五级漏刻在存在补偿情况下，流量随时间的变化情况。探究三级漏刻、四级漏刻、五级漏刻单位时间内流速、流量是否均匀。

参考资料：

[1] 华同旭.中国漏刻 [M].合肥：安徽科学技术出版社，1991.

[2] 李卓政.漏刻——历史久远的计时工具 [J].力学与实践，2007（3）:88-91.

[3] 华同旭.秤漏的结构及其稳流原理 [J].自然科学史研究，2004（1）:19-27.

[4] 陈宁心，原媛.古代计时器——水钟 [J].物理实验，2012，32（2）:43-46.

● 侦探感言

通过参加科技探究活动，可以学到许多在书本、课堂上学不到的东西；勤查资料、参与实验研究，可以提高观察想象能力、逻辑思维能力、动手操作能力，有助于培养我们的创新技能；撰写科研报告，可以增强沟通交往能力，提高口头表达能力和文字写作水平、科学表达能力。这些都有利于全面提高我们的综合素质。

孙岳周

项目的开展需要学会自主的学习，这是我参与这次探究活动最大的收获。项目中，遇到问题没有人能直接告诉你原因所在。在这种情况下，自己就要能够分析出现问题的可能原因，并通过网络资源及相关书籍进行学习，与自己的实验条件等信息进行比较，不断地修改调试去解决问题。因此，具有自主学习的能力显得比较重要。

张为

这次探究活动，我最大的收获就是，我知道团结的力量是很伟大的。一开始，我们就遇到了困难，我们组员的意见不统一，但在商讨后，我们终于得出了一致的意见。在研究过程中，我遇到困难时，其他组员会来帮助我，我们一起设计实验、一起做实验、一起访问老师，所有的困难，我们一起解决。

李玏

科技制作活动大大激发和调动我学科学、爱科学的热情。探究过程锻炼了我的观察、分析、思维、动手和探究能力。

叶盛熙

开始研究的时候，我们没有好办法、好方案，之后收集了大量的资料，不断尝试、修改，慢慢地我们的想法得到了实施。这个过程，我觉得很有意思。

罗欣然

其实，探究的过程并不是一帆风顺的。实验前期，没有经验，我们只是简单地模拟漏刻的结构；实验过程中，我们改进了出水口，改进了漏壶，边摸索边实验，边实验边改进。在探究中，我们更加感受到古人的聪明才智。

刘天祎

青少年眼中的中国古代科技

第三章 交通交流

侦探征集令

　　1431年，郑和带领61艘宝船和27550名官兵开始了他的第七次远航。郑和七下西洋的传奇是一个象征：人们为了达到文明传承和相互交流的目的，尽可能创造出各种物质文明，并不惜一切代价行走在未知的道路上。

　　科技小侦探们，你们知道中国古人在对外交流中都创造出了哪些物质文明吗？

指南针

侦探笔记

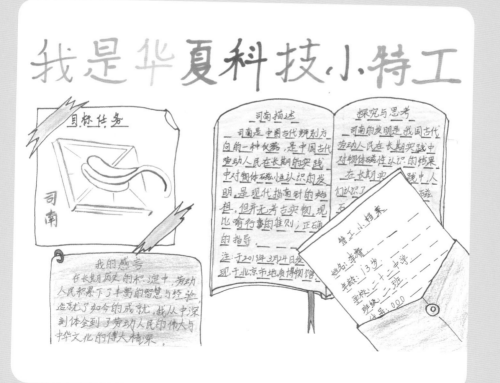

司南　北京市第二十二中学　李睿

科 学 笔 记

华夏科技

日期: 2019 2月17日　　天气: 晴☀　　地点: 博物馆　温度: 5°

名称: 司南

发现地: 中国国家博物馆

天气: 晴空万里

温度: 5°

司南, 指我国古代辨别方向用的一种仪器, 据《古石录》记载最早出现于战国时期的石磁山一带。用天然石磁铁矿石琢成一个构形的东西, 放在一个光滑的盘上, 盘上刻着方位, 利用石磁铁指南的作用, 可以辨别准确的方向。

司南的外形特征

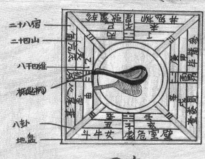

司南

司南的原理

地震仪和司南的原理是反的
地震仪指向地震点
而司南被地震磁场影响
瞬间指向地震点的相反方向

司南在地石磁场的作用下会有固定的偏转, 处于北方地带它可能指北边也可能指向南边, 因为地磁南北极与地理北、南极并不是重合的, 存在一定的磁偏角。当然北方绝大部分地区, 司南均指向南边。在南极所有方向都指往北。

特工感言

中华人民智慧丰富, 如今科技越来越发达, 随着时代的进步, 他们发明了许多令人震惊的发明, 让我们走进华夏科技, 一起钻研。

姓名: 石一　年龄: 12　学校: 艺美小学　年级: 六　班级: 3　性别: 女

司南　北京市中央工艺美院附中艺美小学　石一

指南针制作方法

科学原理：钢针经过磁铁摩擦后可变成磁针。

一、准备的材料：

钢针、磁铁、泡沫、碗、水、笔

二、制作的过程：

(1)用手拿着磁铁的一端，用磁铁的磁极在钢针上沿一个方向摩擦20~30次。如果钢针能吸起大头针，说明有了磁性。

(2)在泡沫上标注好方位，把磁化的钢针插在泡沫上。

(3)把插在泡沫上的钢针放入装满水的碗中，这样钢针就能指示方向了。

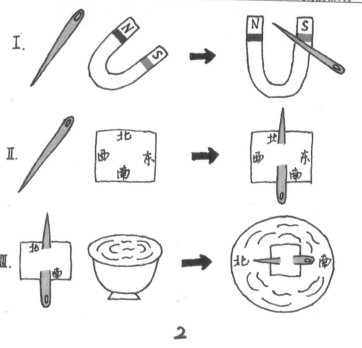

2

司南　北京市东城区东四九条小学　宾禹锡

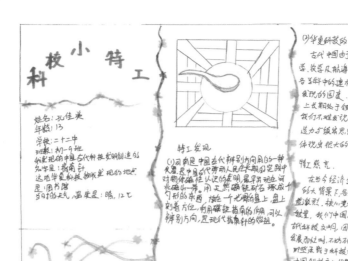

司南　北京市第二十二中学　孔佳溪

司南　北京市第二十二中学　于佳霖

司南　北京市第二十二中学　张钰

司南　赵佳

指南针　北京市东城区史家胡同小学　陈奕颖（1）

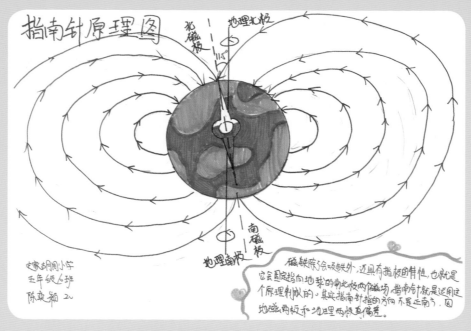

指南针　北京市东城区史家胡同小学　陈奕颖（2）

中国古代科技发明 四大发明

介绍对象：魏琳昕

四大发明，是关于中国科学技术史的一种观点，是指中国古代对世界具有很大影响的四种发明，是中国古代劳动人民的重要创造，分别是指：造纸术、指南针、火药 及 印刷术

No.1 指南针

指南针是用以判别方位的一种简单仪器，古代叫司南。主要组成部分是一根装在车由上可以自由转动的磁针。 磁针在地磁场作用下能保持在磁子午线的切线方向上。磁针的北极指向地理的北极，利用这一性能可以辨别方向。

石磁子午切线

让针吸满磁力

穿几个长开放的塑料，让它浮在水面上，就能指引方向了

No.2 造纸术

中国是世界上最早养蚕织丝的国家，古人以上等蚕茧抽丝织绸，剩下的恶茧、病茧等则用漂絮法制取丝绵，漂絮完毕，篾席上会遗留一些残絮。当漂絮的次数多了，篾席上的残絮便积成一层纤维薄片，晾干后剥离下来，可用于书写。

直到东汉和帝时期，经过了蔡伦的改进，形成了一套较为定型的造纸工艺流程。

1 用浸浸或蒸煮的方法让原料树皮或破布在碱液中脱胶，分散纤维成纤维状。	2 用切割和捶捣的方法切断纤维，使纤维帚化，而成为纸浆。
3 纸浆加水成浆液，用捞纸器捞浆，纸浆在捞纸器上交织成薄片状的湿纸。	4 把湿纸晒干，揭下来就成为纸张。

四大发明 魏琳昕（1）

No.3 火药

一种黑色或棕色的炸药,由硝酸钾、木炭和硫黄机械混合而成,最初均为粉末状,以后一般制成大小不同的颗粒状,可供不同用途之需。在采用无烟火药之前,一直用作唯一的军用发射药。

欧洲人约在13世纪时才懂得黑火药的作用,而经过数个世纪的发展与改良,主要是粒状火药永叹火帽等发明。

颗粒状火药比粉末状火药防潮性更好~

炸药包

火药作为爆炸药和推进剂,一直到十九世纪中后期才逐渐被无烟火药、三硝基甲苯、苦味酸、季戊炸药等新发明的炸药所取代,而这些新炸药则不是中国人发明的。

No.4 印刷术

中国是世界上最早发明印刷术的国家。早其胎的印刷是把图文刻在木版上用水墨印刷的,木版水印画仍用这法,统称"刻版印刷术"或称"雕版印刷术"。雕版印刷的前身是公元前流行的印章捺印和后出现的拓石印碑石等。

四大发明是中国古代先民为世界留下的一串光耀的足迹,是人类文明进步作出巨大贡献的象征。

印刷术大大促进了文化的传播,而造纸术的发明掀起了一场人类文字载体革命,指南针为欧洲航海家提供了条件,火药武器的发明也加速了欧洲的历史进程。

四大发明　魏琳昕（2）

指南车

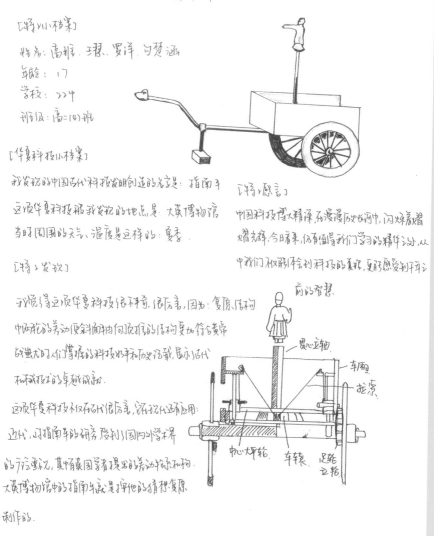

[将小档案]

姓名：高雅、王慧、罗洋、勾楚涵

年龄：17

学校：22中

班级：高二(4)班

[华夏科技小档案]

我发现的中国古代科技发明创造的名称：指南车

这项华夏科技被我发现的地点是：大英博物馆

当时周围的天气、温度是这样的：夏季

[将·发现]

我觉得这项华夏科技很神奇，很伟大，因为：复杂结构中巧妙的劳动使斜面物向反推的结构更加符合黄帝战蚩尤时人们掌握的科技水平。历史记载，显示了古代科技的卓越成就。

这项华夏科技不仅在古代很伟大，还在现代被应用。近代时，对指南车的研究受到了国内外学术界的广泛重视，其中很多国学者呈现出的劳动结构，大英博物馆中的指南车就是据他的猜想复原制作的。

[将·感言]

中国科技博大精深，在漫漫历史长河中，闪烁着熠熠光辉。今日看来，仍有值得我们学习的精华之处，从中我们不仅体会到科技的魅力，更能感受到古人的智慧。

前的智慧

贯心立轴

车厢

拉索

中心大平轮

车辕

足轮立轴

指南车　北京市第二十二中学　高雅、王慧、罗洋、勾楚涵

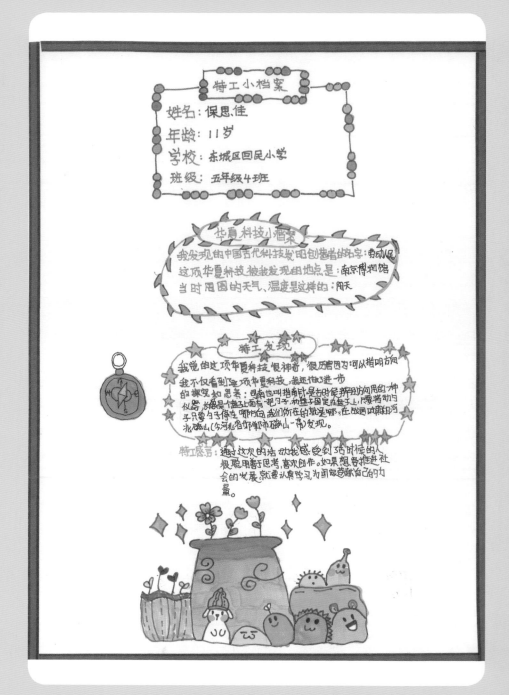

特工小档案

姓名：保思佳

年龄：11岁

学校：东城区回民小学

班级：五年级4班

华夏科技小档案

我发现的中国古代科技发明创造者的名字：劳动民

这项华夏科技被我发现的地点是：南京博物馆

当时周围的天气、温度是这样的：阴天

特工发现

我觉得这项华夏科技很神奇，很厉害因为可以指明方向。我不仅看到这项华夏科技，我还做了进一步的探究和思考：司南也叫指南针是古时候辨别方向用的神仪器，地盘上面有一把勺子，把勺子的柄固定在盘子上，慢慢动勺子只要勺子停在哪个方向我们所在的就是哪，在战国时期河北磁山（今河北省邯郸市磁山一带）发现。

特工感言：通过这次的活动我感受到了古时候的人很聪明善于思考，喜欢创作。如果想要推进社会的发展，就要认真学习，为国家贡献自己的力量。

指南针　北京市东城区回民小学　保思佳

特工发现 西北？南东

我觉得这项华夏科技很神奇、很厉害，因为：指南针可以帮助人们指明方向，
举两个例子：1、在森林里，树太多，挡住了太阳，就不能用太阳判别了，这时
候可以用指南针了，它会告诉你南方和北方；2、如果在大海里，开到了海中
央，四周都是茫茫的海，分不清方向，就可以用指南针了；还有很多地方
需要用指南针，多数在迷路、分不清方向时使用，它可以帮你找到回家的
路。

我不仅看到了这项华夏科技，我还做了进一步的探究和思考：在
从前人们用指南针来辨方向，现在我们用GPS定位和导航就不会
需要指南针了。拿最常见的导航来说，虽然指南针厉害，它可以告
诉人们方向，但导航直接会告诉你向左转或右转，根本就不需要知
道东南西北。

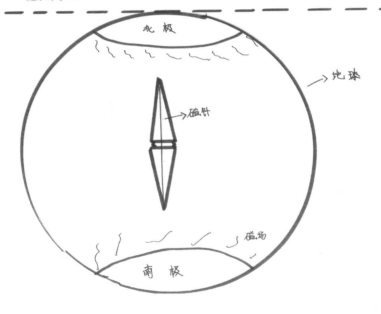

指南针　北京市东城区史家胡同小学　苏淇然

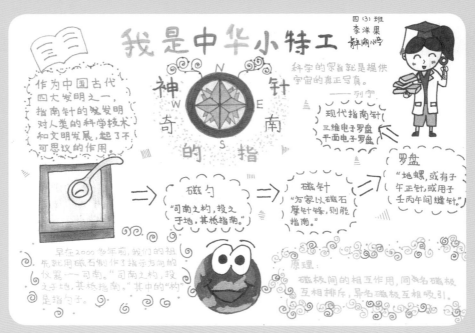

指南针　北京市第一七一中学附属青年湖小学　李洋果

指南针　北京市第二十二中学　王艺桐

指南针

北京市东城区回民小学

陈诺、葛家贝、陆思源、王子骁、曾奕程

指南针是我国的四大发明之一，在世界科技发展史上占有很重要的位置，在现代社会指南针的应用价值也很高，应用范围也很广泛。因此，我们有必要对指南针进行更深层次的研究。

本研究报告围绕指南针的指针指向这一核心问题，提出了猜想，在查阅相关资料弄清了指南针的基本原理之后，通过两组实验得出了最终的实验结论。

一、研究问题及猜想

（1）研究问题：指南针的指针指向。

（2）猜想：指南针的指针指向南极和北极。

二、原理

指南针总是指向南北，这与地球的磁场有着密不可分的联系。我们生活的地球有地理南极和地理北极之分，同时地球又是一个大磁铁，有两个磁极，一个叫地磁北极，也称作 N 级，另一个叫地磁南极，也称作 S 极。地磁北极在地理南极附近，地磁南极在地理北极附近。由于磁极存在"同极相斥、异极相吸"的特点，所以指南针始终指示南北。

三、研究实验设计

实验 1：漂浮法

完成这个实验所需要的材料有泡沫塑料、大头针、磁铁、塑料盒子、水、指南针。

首先，我们将大头针的其中一端沿同一方向在磁铁的南极上摩擦多次，将大头针磁化；

其次，将塑料盒子中倒入一半左右的水；

再次，将大头针插入泡沫塑料中，两端露出便于观察，并将泡沫塑料放在水面上漂浮；

最后，观察大头针被磁化端的指向，对比指南针可以得出结论：能够看到它指向南方，说明我们的猜想是正确的。

实验 2：悬挂法

完成这个实验所需要的材料有大头针、空玻璃瓶子、鱼线、磁铁、指南针。

首先，我们将大头针的其中一端沿同一方向在磁铁的南极上摩擦多次，将大头针磁化；

其次，在大头针的中部位置缠绕上一定量的鱼线，多余的鱼线缠绕在玻璃瓶盖上，等待大头针静止；

最后，观察大头针被磁化端的指向，对比指南针可以得出结论：能够看到它指向南方，说明我们的猜想是正确的。

四、研究结论

指南针始终指向南极和北极。

五、致谢

（1）感谢北京市第二十二中学第二十一中学联盟校为我们提供培训以及正式讲课的场地；

（2）感谢东城区青少年科技馆的各位老师，特别是指导我们讲课的陆老师、张老师，以及我们的领队丁老师、赵老师；

（3）感谢跟我们一起参加此次展示活动的同学们，正是有你们精彩的讲述，才能让我们发现自己的不足，进而让自己越变越好。

● 精彩瞬间

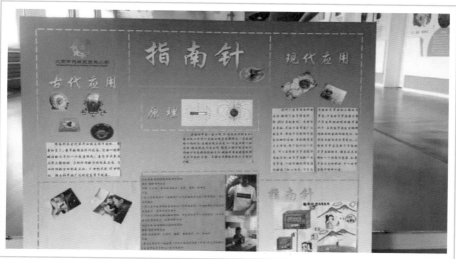

古代造纸术

侦探笔记

华夏科技小特工科学笔记

我发现的中国古代科技的名字是：造纸术
这项华夏科技被我发现的地点是：中国
当时周围的天气，温度是这样的：正常温度

我觉得这项华夏科技很厉害，很神奇，因为：有一个人叫蔡伦，字敬仲。他总结西汉以来用麻质纤维造纸的经验，改进造纸技术，采用树皮、麻头、破布、旧鱼网为原料造纸，于元兴元年(公元105年)奏报朝廷，时有"蔡侯纸"之称。《后汉书·蔡伦传》："自古书契，多编以竹简；其用缣帛者，谓之为纸。缣贵而简重，并不便于人。伦乃造意，用树肤、麻头及敝布、鱼网以为纸。"后世传为我国造纸术的发明人。

我还做了进一步的探究和思考：
①造纸术发明以前，世界各国的书写材料有的坚硬，有的笨重，有的价格昂贵，都不是理想的书写材料，不利于文化的传播。
②造纸术的发明，引起了书写材料的一场革命，特别是蔡伦改进造纸术，提高了纸的质量和产量，使纸日益成为普遍的书写材料。
③造纸术的对外传播，促进了文化的交流和教育的普及，深刻地影响了世界文明的发展进程。造纸术的发明是中华民族对世界文明的伟大贡献。

姓名：王语慧
年龄：13
学校：二十二中
班级：初一4班

造纸术　北京市第二十二中学　王语慧

青少年眼中的中国古代科技

110

造纸术　北京市第一六六中学附属校尉胡同小学　王知行（1）

造纸术　北京市第一六六中学附属校尉胡同小学　王知行（2）

一. 个人档案 ♥

姓名: 智泽玥　　学校: 东四九条小学

年龄: 12岁　　　班级: 六(3)

单人项目 ☑	
亲子项目 □	合作伙伴姓名:

二. 华夏科技档案 ♥

我发现的中国古代科技发明创造的名字是: 造纸术。

时间: 2.17 10:00　　　天气: 晴

地点: 首都图书馆　　　温度: -2°

三. 造纸术

　　造纸术是中国四大发明之一, 纸是中国古代劳动人民长期经验的积累和智慧的结晶, 它是人类文明史上的一项杰出的发明创造。

　　传统手工造纸的基本方法是先用植物纤维制成纸浆, 再以帘模滤水, 使纤维交叠其上形成薄片, 继而揭下晾干成纸。中国传统的造纸术主要分为浇纸法和抄纸法。浇纸法是将纸浆直接浇到帘模上成型, 故而产品表面粗糙, 纤维分布不匀。抄纸法则是在纸浆中加入纸药, 和水搅拌, 令纸浆悬浮后, 再以帘模入水, 抄出纸张, 因此产品表面比较光滑, 往往有帘纹, 纤维分布均匀。两种方法先后出现, 迄今并存。晋唐以降, 抄纸法是主流技术。麻、楮树皮、藤、竹、麦稻茎杆等植物纤维, 都曾先后用作造纸原料。

四. 特工发现

　　1. 我觉得这项华夏科技很神奇, 很厉害, 因为:

　　　首先, 纸张适合书写、绘画和印刷, 是文字和信息传播的理想载体, 对人类文明产生了重大影响; 其次, 我国的造纸术在公前2世纪到18世纪的2000多年里一直处于世界领先水平; 而且, 造纸只需要一些植物纤维就可以完成, 多什么神奇啊!

造纸术　北京市东城区东四九条小学　智泽玥 (1)

2. 我不仅看到了这项华夏科技,我做了进一步的探究和思考:

造纸术的原材料是:麻、楮树皮、藤、竹、麦稻茎秆等植物纤维,大部分来源于植物。可是砍伐植物又破坏环境,使绿色植物逐渐消失,这可怎么办呀?怎么能继续维持我们的华夏科技同时也减少自然环境不被破坏呢?可不可以用我们用完或拥的纸去做再生纸呢?于是我做了实验:

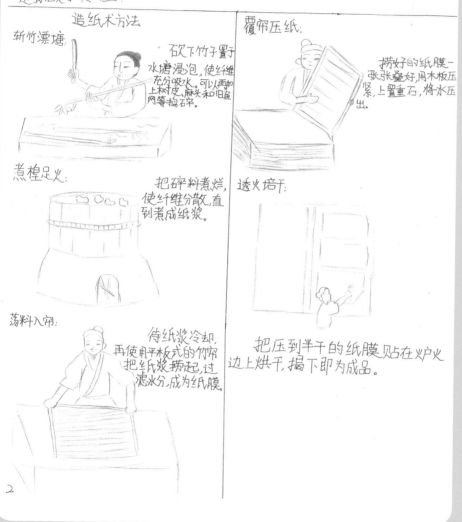

造纸术方法

斩竹漂塘:
砍下竹子置于水塘浸泡,使纤维充分吸水,可以再如上树皮、麻头和旧鱼网等捣碎。

覆帘压纸:
捞好的纸膜一张张叠好,用木板压紧上置重石,将水压出。

煮楻足火:
把碎料煮烂,使纤维分散,直到煮成纸浆。

透火焙干:
把压到半干的纸膜贴在炉火边上烘干,揭下即为成品。

荡料入帘:
待纸浆冷却,再使用平板式的竹帘把纸浆捞起,过滤水分成为纸膜。

造纸术　北京市东城区东四九条小学　智泽玥(2)

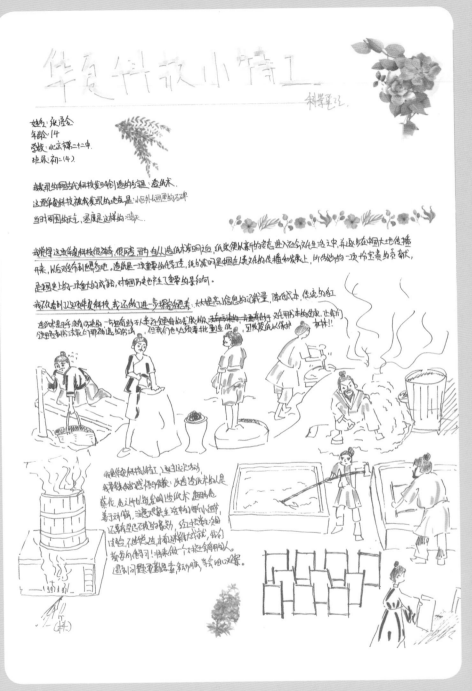

造纸术　北京市第二十二中学　张语含

古代造纸术——对自制纸张的研究与分析

北京市东直门中学附属雍和宫小学

张煦赫　蔡畔　张灏霖　邻翌丹

一、研究背景

造纸术是我国古代四大发明之一。公元 105 年，东汉蔡伦首创造纸术的光辉业绩，早已经载入史册，他为推动人类历史文明的发展做出了巨大的贡献。蔡伦发明造纸术之前，中国有没有纸？这些问题在历史上有过争论。20 世纪 70 年代，随着考古的不断发掘，西汉古墓的窑藏、垃圾堆中出现一些"古纸片状物"，这引起造纸界一些专家的争论。历史上或是现在有些人认为蔡伦不是造纸术的发明家，而是改革家。不同见解是允许的。我认为有些人是对絮纸与植物纸的定义没区分清楚；有些人将西汉古墓或其他地方发掘的类似纸状物的实物认为是纸，就将纸的发明时间提前到西汉。这些西汉纸状物后经鉴定，无一可以以纸论处。因此，是蔡伦发明了造纸术，

他是功不可没的发明家。

　　蔡伦是东汉人，在东汉以前，人们通常用竹简和丝帛作为记载文字的工具，有些很长的奏章要使用很多竹简，翻阅起来很不方便，也难以随身携带，而用丝帛作为书写载体虽然方便，但是价格昂贵，普通人根本承担不起这样的费用。蔡伦喜欢读书，对于竹简带来的种种不便深有感触。造出一种既轻便又便宜的书写工具，成为蔡伦的一个梦想。

　　纸的手工制作过程——最初的造纸作坊诞生。蔡伦率领几名皇室作坊技工利用丰富的水资源和树木，加入沤松的麻缕，制成稀浆，用竹篾薄薄捞出一层凉干，揭下，造出了最初的纸。试用，发现容易破烂，又将破布、烂鱼网捣碎，或制丝绵时遗留的残絮等，掺进浆中，再制成的纸便难以扯破了。为了加快制纸进度，蔡伦又指挥大家盖起了烘焙房，湿纸上墙烘干，不仅速度快，且纸张平整。

二、实验一

1. 实验步骤

（1）第一步，将纸泡入水中，直到完全浸湿。

（2）第二步，将完全浸湿的纸放入打碎机杯中打碎，变成纸浆。

（3）第三步，分好容器，准备装盘。

（4）第四步，装好纸浆，再加入不同材料，包括淀粉，胶、小苏打、糖等。

2. 实验结果

（1）这是原生纸浆，易折，特别脆。

（2）做淀粉纸时，要注意淀粉与水的比例，不能做成"非牛顿流体"。

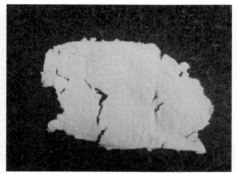

（3）用胶做纸时，会先形成一个像"史莱姆"一样的泥，会很黏。把泥拉开时，会有很多纤维。但是干了，会坚硬无比。

青少年眼中的中国古代科技

（4）用小苏打做纸时因为小苏打具有蓬松的作用，所以成品非常易碎，因此小苏打不宜做纸。

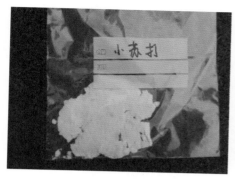

（5）加入糖做纸时要搅拌均匀，这样不会有大颗粒使做纸时抄得不均匀。

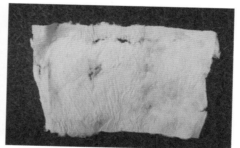

三、实验二——制作三种纸张

1. 原浆纸浆＋小苏打＝新纸 1

（1）实验用品：小苏打、框架、原浆纸和打碎机。

（2）实验步骤：将原浆纸用打碎机打碎；混入小苏打搅拌均匀，将纸浆倒入框架，自然风干。

2. 原浆纸浆 + 狗毛 = 新纸 2

（1）实验用品：狗毛、框架、原浆纸和打碎机。

（2）实验步骤：将原浆纸用打碎机打碎；混入狗毛，将纸浆倒入框架，自然风干。

3. 原浆纸浆 + 龙血树叶 = 新纸 3

（1）实验用品：龙血树叶、框架、原浆纸和打碎机。

（2）实验步骤：将龙血树叶煮烂；将原浆纸用打碎机打碎，加入煮烂的龙血树叶，搅拌均匀，将纸浆倒入框架，自然风干。

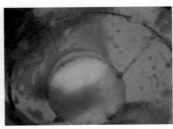

四、实验结果分析

1. 纸的吸水性测试

取 5cm×5cm 的制备纸各一张，分别滴上一滴水，1 分钟后观察并测量水印的直径。

2. 纸的承重性测试

取 5cm×5cm 的制备纸各一张，中间位置放置砝码质量逐渐增加，50 克，100 克……直到纸破裂，纸破裂后记录最大承重量。

3. 纸的抗拉性测试

取 5cm×5cm 的制备纸各一张，在距离边缘 1cm 处各挂测力计一个，测力计相反方向用力拉，纸破裂后记录最大拉力。

4. 实验结果

项目	不同制备纸					
	淀粉一号	糖二号	小苏打三号	原浆四号	龙血树叶五号	狗毛六号
吸水性	3.9	3.5	2.5	2.3	3.2	2.5
承重（g）	50	100	50	250	300	300
抗拉（N）	2.1	2.7	2	2.9	3	3.5

五、未来展望——纸的未来

纸与我们的日常生活息息相关，纸的用途十分广泛，可以进一步制造成多种材料，甚至还可以做成衣服、书包、假花、鞋子、眼镜袋、灯罩等日用品。纸还是重要的信息载体，纸的发明和革新，促进了人们之间信息的交流，对社会经济文化等各方面的发展起到了至关重要的促进作用。因此，纸在我们生活中是必不可少的。造纸术是我国的四大发明之一，由我国传遍世界，促进了文化的交流和教育的普及，深刻地影响了世界文明的发展进程，是中华民族对世界科学文化的一项重大贡献。

未来的纸可以用生活垃圾制作，并且不会污染环境。生活垃圾之外的不用的各种废品也可以用来制作纸张。纸张越轻、越薄越好。这样方便携带，不会轻易出现折痕。水不会给纸张造成影响，导致其易破。最好用什么笔都可以在纸上轻易书写，或者也可以是电子纸，这样也有助于携带。

青少年眼中的中国古代科技

第四章

建筑

侦探征集令

　　中国古代建筑在世界建筑史上独树一帜，不仅仅是因为外形独特、美观，更因为其中蕴含的科学技术和科学原理。中国古代建筑中到底有哪些科学奥秘呢？科技小侦探们，等你们去发现啊！

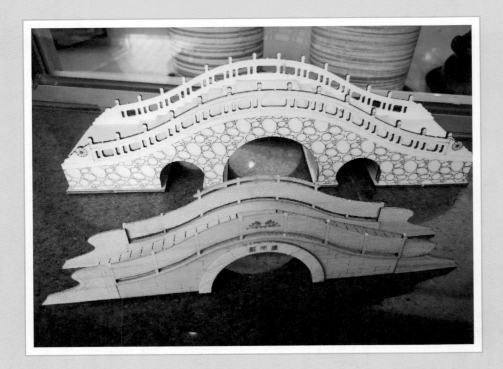

斗　拱

第四章　建筑

侦探笔记

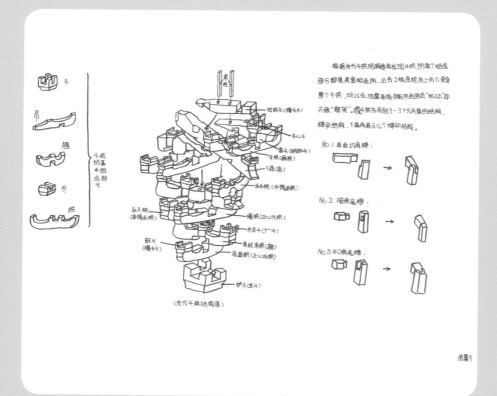

斗拱　北京市崇文小学　张馨予

探秘中国古代建筑艺术——斗拱

北京市崇文小学

尚思齐　李怡萱　白允执　齐娅莎

　　这次活动我们研究的主题是中国古建筑中特有的斗拱结构。

　　斗拱是中国古代汉族建筑特有的一种结构。在旅行的过程中，小组同学见到了很多富有特色的中国古建筑，发现它们与现代建筑有很大不同。随着兴趣的深入，我们围绕斗拱产生了以下几个问题：一是斗拱是什么？二是斗拱有什么价值和作用？

　　为了找到答案，我们决定走近中国古建筑，感受传统建筑中的艺术之美。

　　我们在查找资料的过程中，看到这样的话。

　　日本学者曾经断言："在中国大地上已经没有唐朝及其以前的木结构建筑，想去看唐代的木构建筑只能去日本的京都、奈良。"大家读完这句话有什么感受？

　　我们觉得中国一定存在唐代的古建筑，于是我们进一步查找资料，找到了赵朴初的一句诗："二唐寺，瑰宝世间无。"这句诗说的就是两座唐代佛寺。在 1937 年的某一天，一对建筑学家夫妇翻山越岭，几经波折发现了一座遗存千年、打破日本断言的寺庙——佛光寺。

　　20 世纪 30 年代，中国建筑学家梁思成与林徽因从美国留学归来，投身于对中国古建筑的考察与研究发现之中。他们始终坚信，在中国会有唐朝木制建筑的存留。

　　这个奇迹就来自一个偶然，梁思成偶然在一本画册《敦煌石窟图录》61 号图中发现一幅唐代壁画《五台山图》，里面绘制了佛教圣地五台山的全景，其中一座叫"大佛光寺"的庙宇引起他们的注意。于是，他们不辞辛劳，在战争阴云的笼罩下，前往山西的群山峻岭中，搜寻到了这座隐藏了千年的古寺，而佛光寺寂寞多年的山门也终于被打开。

　　一座建造于 857 年、保存完好的唐代木构建筑就这样被发现了，被誉为"亚洲佛光"的它距建造之时整整 1080 年。因为梁思成和林徽因的发现，佛光寺名声在外。但实际上，南禅寺比佛光寺的历史更加悠久。

在长达 1100 多年的漫长岁月中，两座古寺经历过 8 次 5 级以上地震。经历无数次战乱的佛光寺依然静静地矗立。

一座木制建筑，为什么能如此坚固，屹立千年呢？建筑学家梁思成告诉了我们答案：

斗拱是东大殿绝对的主角，它虽然只有檐柱的一半高，却有着威压之势，它纵横恣肆，是美木的精魂。

斗拱是中国古代汉族建筑特有的一种结构。在立柱和横梁交接处，从柱顶上加的一层层探出成弓形的承重结构叫拱，拱与拱之间垫的方形木块叫斗，合称斗拱。

斗拱在古代建筑中比比皆是，不同的朝代斗拱也各有特点。看完了唐代斗拱，还有宋代的斗拱、元代斗拱、明清斗拱。

我们决定动手做一个斗拱结构模型，去探索其中的奥秘。我们找到了斗拱的拼插模型，还找来了珍珠板自己绘图制作。

通过亲自动手操作，我们知道了斗拱的作用，那就是：

（1）起着承上启下、传递重量的作用。

（2）保护柱子和墙体等免受雨水侵蚀破坏。

（3）起了抗震的作用。

（4）装饰作用。

通过我们组的研究，我们发现之前的猜想基本正确，斗拱在古建筑中起到了至关重要的作用。在研究斗拱的过程中我们感受到了古建筑艺术的博大精深，惊叹于古代建筑家们的精妙技艺，更坚定了我们对传统文化的热爱。

最后感谢学校为我们提供了这样一个平台，感谢北京市第二十二中学第二十一中学联盟校提供场地，感谢所有的老师、家长给我们的帮助，谢谢大家。

第四章 建筑

榫卯

侦探笔记

榫卯　北京市东城区史家胡同小学　贺容

华夏科技小特工科学笔记

特工小档案:
姓名:林诺尔
年龄:13
学校:北京市第二十二中学
班级:初一(7)

我发现的中国古代科技发明创造的名字是:榫卯结构
这项华夏科技被我发现的地点是:孔庙
当时周围的天气、温度是:大风,温度18℃。

我觉得这项华夏科技很神奇,因为:榫卯结构搭出的房子
无需一颗螺钉,也不用横梁,全靠木头拼接而成,都十分
牢固,不怕刮大风,下雨,甚至地震后也能屹立。

我还做了进一步探究和思考:
把榫卯结构应用于工地上脚手架的搭建,会十分
牢固,并且不用那么沉重的铁。

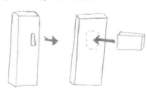

这项华夏科技不仅在古代很厉害,它在现代还有应用:
某些房子还在使用榫卯结构,某些桌椅也还是。

感受&收获:
榫卯结构是一项十分神奇的应用,古人却能发明
出来,中华文化真是博大精深!我们要传承它,发
扬它!

榫卯　北京市第二十二中学　林诺尔

华夏科技特工科学笔记

【特工小档案】
姓名：赵英博
年龄：12
学校：北京市第二十二中学
班级：初一丁班

【华夏科技小档案】
我发现的中国古代科技发明创造的名字：榫卯结构
这项华夏科技被我发现的地点是：中国古代建筑博物馆
当时周围的天气、温度是这样的：晴朗　16℃

【特工发现】
我觉得这项华夏科技很神奇、很厉害，因为：榫卯不但可以承受较大的荷载，而且允许产生一定的变形，在地震荷载下通过变形抵消一定的地震能量，减小结构的地震响应。

 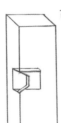
榫卯是在两个木构件上所采用的一种凹凸结合的连接方式。凸出部分叫榫，凹进部分叫卯，榫和卯咬合，起到连接作用。

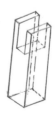

【特工感言】
感言：中国古典家具的榫卯设计不同于其他中国传统手工艺品，要求科学合理性，使其长久耐用。而且早在7000年前的新石器时代就被创造了出来。如今榫卯已融入到了炎黄子孙的血脉中，成为了民族的记忆，我们应该发扬光大。

榫卯　北京市第二十二中学　赵英博

特工发现

我觉得这项华夏科技很神奇，很厉害，因为：榫卯是用凸凹的连接方式，它非常结实，并且不用一根钉子，可以做玩具，椅子桌子，房屋等。榫卯在古代人们利用它的原理建造的房子既漂亮又坚固，而且

还能抗震。榫卯结构应用于房屋建筑，虽然每个构件都比较单薄，但是它整体上却能承受巨大的压力。这种结构不在于个体的强大，而是互相结合，互相支撑，这种结构成了后代建筑和中式家具的基本模式。

我不仅看到了这项华夏科技，我还做了进一步的探究和思考：

榫卯是在两个木构件上所采用一种凹凸结合的连接方式。凸出的部分叫榫；凹进的部分叫卯，榫和卯咬合，起到连接作用。这

2

鲁班锁　北京市东城区史家胡同小学　薛璐瑶

特工发现

我觉得这项华夏科技很神奇，很厉害。因为：榫卯结构，中国古代建筑以木材、砖瓦为主要建筑材料，以木构架结构为主要的结构方式，由立柱、横梁、顺檩等主要构件建造成的。各个结点之间的结点以榫卯相吻合，构成富有弹性的框架。榫卯是很古帽子的发明。这种构件的连结方式，使得中国传统的木架结构成为超越了当代建筑排架、框架或者钢架的特殊柔性结构体，不但可以承受较大的荷载，而且允许产生一定的变形，在地震荷载下通过变形抵消一定的地震能量，减小结构的地震响应。

中国古代建筑上的榫卯结构到底有多厉害？？

普通房屋的寿命一般只有下七十年，但是，一些古建筑的却已有上百年的历史。为什么古建筑这么牢固？

中国古代建筑多是由榫卯结构组成的。榫卯结构中，凸出的部分作为榫，或者是榫头，凹进去的部分叫做卯，或者是榫眼、榫槽。榫卯就是利用两片木器上的凹凸互相吻合，从而实现完美拼接。而斗拱，是榫卯结构的一种构件，它能把屋檐的重量均匀分布在每一根梁柱上。榫卯和斗拱相辅相成，就能使房屋保持平衡、稳定、牢固。

要说它有多厉害，首先得考查查它的抗震能力。之前，故宫专家和一位美国木匠按1:5的比例，复制了一栋木制模型，并对它进行了地震模拟测试。当震级达到9级的时候，模型虽有晃动，但依然坚挺。怪不得故宫600年来，经历了200余次的地震，依然能保存完整！要知道，9级地震等于200万吨的TNT炸药爆炸啊！！！

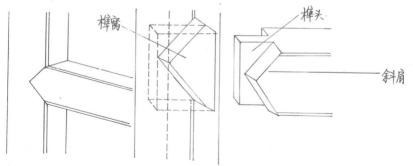

高璟雯

鲁班锁　北京市东城区史家胡同小学　高璟雯

榫卯结构之鲁班锁研究报告

北京市第二十二中学第二十一中学联盟校

柳禹豪　张晓霖　李佳宇　房紫昭

一、提出问题

榫卯的防震能力到底有多强？为什么故宫经历百年风雨还屹立不倒？

二、调查方法

（1）查阅相关数据和报导，了解榫卯的基本结构和抗震强度。

（2）通过多种途径，了解故宫房屋的结构。

三、调查情况和资料整理

中国古建筑以木材、砖瓦为主要建筑材料，以木构架结构为主要的结构方式，由立柱、横梁、顺檩等主要构件建造而成，各个构件之间的结点以榫卯相吻合，构成富有弹性的框架。榫卯是在两个木构件上所采用的一种凹凸结合的连接方式。凸出部分叫榫（或榫头）；凹进部分叫卯（或榫眼、榫槽）。榫和卯咬合，起到连接作用。榫头伸入卯眼的部分被称为榫舌，其余部分则称作榫肩。

古建筑能够具有这么强的抗震能力，除了因其是正八角形平面设计，能够抵御地震波带来的扭矩力，有高达 4.4 米的砖石台基使其稳定结实，更重要的原因是因为塔内所有的梁与柱之间都是用斗拱连接，而这些斗拱中的构件都是以榫卯结构结合。有关资料描述，应县木塔中所运用到榫卯形式多达 62 种，有 54 种斗拱。"全塔的主要构件不用一钉一铆，这种连接形式类似于半固结半活铰的状态，能承受较大的弯矩；构架水平分层，在地震波中的垂直冲击波攻击下，可以通过'弹跳'的方式消解巨大的破坏能量；构架的整体性有力地抵抗旋转波，所有的柱子都用顶部的梁枋连结成一个筒形的框架，保证了构架的稳定性。"比起钉铆的连接方式，榫卯结构更具有半固定半活铰的优势，能够利用木材本身的伸缩性让整个建筑更加坚固，可以抵抗 8 级以内的地震。

建成 600 多年来，故宫经历了 200 多次破坏性的地震，包括 1976 年那场最骇人的地震，震中就在北京以东大约 150 公里处。在那场地震中，唐山被夷为平地。建筑师模拟故宫结构做了一个模型，把地震的强度一点一点向上加，最终加到10.1级，然而，模型尽管晃动了很久，但仍然稳稳当当地站在原地，只是发生了轻微的位移。而这其中的关键，是一个叫"斗拱"的结构。

斗拱是一个结构复杂的支架，用于支撑巨大的屋顶。斗拱乍一看像一个精致的装饰物，但其独特的设计构成了故宫建筑群结构的关键。斗拱既没有钉子，也不用黏合剂，只靠着这种精巧的设计，牢固地组装在一起。组装好以后，压一压，可以发现它能承受很大的重力。这种结构使得木块牢固地结合起来，同时每层又有一定的松动，提升了建筑物的抗震性能。另外，柱子没有深深固定在地基里，有一定的摇晃空间，这就避免了其直接从中折断，造成整栋房屋的倒塌。

四、结论

中国古建筑中榫卯结构具有高度的精确性，对于我们现代设计有极强的借鉴作用。我们对榫卯的研究也是对古人设计思想的一种尊敬。古人在发明这种技术时就体现出对传统文化精髓的萃取。在当今，我们周围都已经被钢筋混凝土现代化建筑所包围，我们也应该反思，是否已经把传统建筑历史所割裂。特别是在自然环境日益恶化的今天，现代设计过于功利化，我们不妨可以重新学习榫卯结构的精神，在结构方面进行创新来提高建筑的实用性，同时又可以延续中国传统文化。

● 精彩瞬间

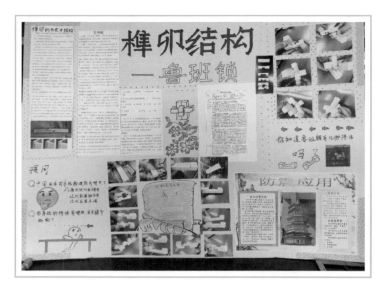

拱 桥

侦 探 笔 记

洛阳桥 北京市第一六六中学附属校尉胡同小学 孙可馨

137

[特工发现]

我觉得这项华夏科技很神奇、很厉害。因为，近代之前，石拱桥是中国桥梁建筑的主要形式，保存至今的赵州桥已历时一千四百年，卢沟桥雄踞在永定河上，也经历了近七百年，它们都称得上雄伟坚固，迄今仍保持着初创风貌，可以通行汽车，这是非常神奇的。赵州桥敞肩式的创造，早于西方七百年，它们之所以能够屹立不倒，说明设计与施工是符合科学道理的。

拱桥的特点 1. 跨越能力较大。
2. 用材广泛，便于推广。
3. 桥形美观。
4. 耐久性强。
5. 不影响通航。

我不仅看到了这项华夏科技，我还做了进一步的探究和思考。

如图：

两侧小孔分流洪水。减轻桥身重量，防止桥基下沉

中间大孔设计方便河道上行驶的船只。这设计对古代漕运意义极大。

⟨2⟩

拱桥　北京市东城区西中街小学　司佳维

探寻中国拱桥的秘密

北京市东城区西中街小学

许嘉祥　谢斯涵　贾子路　单思乔　潘家钰

一、研究背景

著名教育家陶行知认为，"行是知之始，知是行之成"，倡导教、学、做合一。当今的社会科学实验课程改革项目，意在让学生走出去，结合生产实践、社会实践，开展科学实验探究。这些教育改革措施的推出体现了如下理念：①强调实践学习；②强调基于以实践问题为导向的学习；③更加重视科学探究。在这种新的科学实践教育理念下，北京市东城区西中街小学积极组织学生参加东城科技馆各项科普活动。在寒假的科技实践活动——"中国古代科技科学笔记"的征集活动中，学生带着自己产生的研究问题，进行了深入研究。

二、研究主题及目标

此次研究的主题是"探寻中国拱桥的秘密"。了解中国古代拱桥的建造技艺与艺术之美，探寻拱桥承重的原理。

三、研究小组成员与分工

组织协调：谢斯涵；

展板制作：谢斯涵、许嘉洋；

PPT 制作：许嘉洋、贾子路；

模型制作：谢斯涵、潘家钰；

实验设计：贾子路、谢斯涵；

数据分析：许嘉洋、贾子路；

研究成果展示：谢斯涵、许嘉洋、单思乔、潘家钰、贾子路；

拱桥的相关知识：谢斯涵、许嘉洋、单思乔、潘家钰、贾子路。

四、活动时间

放学后 2 小时科学教室；休息日外出学习、探究考察。

五、研究过程

（一）形成的研究问题

（1）什么是拱桥？拱桥的组成与分类。

第四章　建筑

（2）拱桥的起源与发展。中国古代、当代的拱桥。

（3）中国古代著名拱桥赵州桥与虹桥的特色是什么？

（4）不同跨度拱桥的承重实验测试。

（二）研究方案设计

（1）围绕研究问题，查找拱桥的相关资料。

（2）实地调查北京的著名拱桥。

（3）实验测试不同跨度的拱桥的承重情况。

（三）方案的实施

1. 科学及人文解析各研究问题

1）什么是拱桥

拱桥是指在竖直平面内以拱作为上部结构主要承重构件的桥梁。拱是主要承受轴向压力并由两端支点推力维持平衡的曲线或折线结构。拱结构有3个基本要素：主要承受轴向压力，两端支点除有竖向推力外还必须有水平推力，呈曲线或折线状。

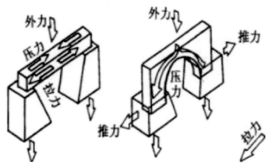

2）拱桥的起源

（1）自然界溶洞天然拱；

（2）崩落的堆石拱；

（3）砌墙开洞，逐渐由"假拱"演变而成；

（4）中国墓葬结构及仅存实物：中国古代地下墓室多是由砖石砌筑的筒拱或穹拱结构，拱由梁与侧柱演变为三、五、七等折拱，演变为圆拱；

（5）延安窑洞。

3）拱桥分类

（1）按照建筑材料的不同可分为：木拱桥、石拱桥、混凝土拱桥、钢拱桥。由于科学技术的发展，木拱桥和石拱桥也逐渐被混凝土拱桥和钢拱桥替代。

（2）按照铰的多少可分为：两铰拱桥、三铰拱桥、无铰拱桥。

两铰拱桥：其优点是，拱脚处不承受弯矩，较无铰拱桥可减小混凝土收缩、徐变，温度变化，以及墩台位移的影响。缺点是，构造较复杂，对应的桥面处应设置构造缝，施工也较麻烦。

三铰拱桥：优点是对混凝土收缩、温度变化，以及墩台位移不受影响，适用于地质条件差而要求修建大跨度桥的场合。缺点是结构复杂，施工麻烦，维护费用高。

无铰拱桥：又称固端拱桥。拱圈两端嵌固在桥墩上而中间无铰的拱桥，属于外部三次超静定结构。优点是较有铰拱桥桥内的弯矩分布合理，料用量较省，结构刚度大，结构简单，施工方便，维护费用少，还可以将拱脚设计在洪水位以下，有利于降低桥面的设计标高，具有较好的经济与使用效益。缺点是，对混凝土收缩、徐变、温度变化，以及墩台位移最敏感，会产生附加应力，应建设在可靠的地基上。

4）拱桥的基本特点

（1）中国南北方石拱桥的差异：因南北河道性质及陆上运输工具不同，构造不同。北方：大多为平桥（或平坡桥），实腹厚墩厚拱。南方：水网地区则为驼峰式薄墩薄拱。河网密布，软土地基，石拱桥也尽量减轻重量而建造为薄墩薄拱。

（2）拱桥的主要组成与名称。

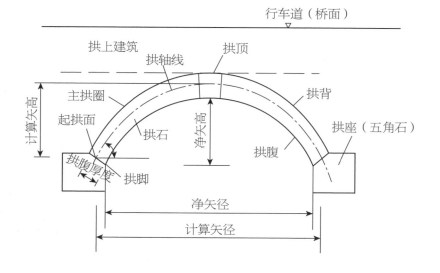

桥跨结构（上部结构）：主拱圈、拱上结构。

下部结构：桥墩、桥台、基础。

根据结构可分为下承式拱桥、上承式拱桥及中承式拱桥。

（3）中国的拱桥——宋代虹桥。

《清明上河图》是中国十大传世名画之一，为北宋风俗画，是北宋画家张择端仅见的存世精品，画中有一

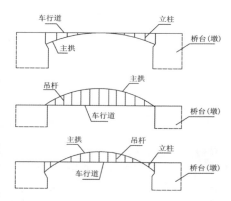

座横跨汴河的规模宏大的木质拱桥。它结构精巧，形式优美，宛如飞虹，故名虹桥。中国木拱桥传统营造技艺，其可考证的历史有900年之久。《清

明上河图》中的汴水虹桥，为了漕运，其桥无柱，水中无桥墩，桥采用了"贯木"架桥，即大木穿插叠架为木拱。虹桥桥跨约 18.5 米，拱矢约 4.2 米，桥面总宽 9.6 米，并承受了桥面上巨大的载重。桥毁于金元之际，几百年来一直认为是造桥界绝唱。

（4）现存最早的石拱桥——隋代赵州桥。

中国现存最早并保存良好的是隋代赵州安济桥（赵州桥）。桥为敞肩圆弧石拱，拱圈并列 28 道，净跨径 37.02 米，矢高 7.23 米，上狭下宽总宽 9 米。主拱圈等厚 1.03 米，主拱圈上有护拱石。

赵州桥

（5）现代桥梁赏析。

在全球 15 大最长的桥梁中，中国就占据了 11 座。

①上海卢浦大桥：2003 年 6 月 28 日建成，总投资达 22 亿元人民币。全长 3900 米，主桥长 750 米，为全钢结。其中主跨直径达 550 米，居世界同类桥梁之首，被誉为"世界第一钢拱桥"。

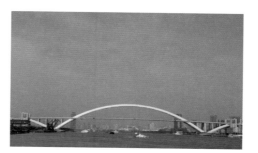

上海卢浦大桥

②世界最大跨度大桥：秭归长江大桥。

一桥飞架南北，百年梦圆，秭归长江大桥 2019 年 9 月 27 日建成通车，桥身全长 883.2 米、主跨 531.2 米，跨度全球第一、净空高度亚洲第一。解决了库区人民过江难、运输难等问题，

秭归长江大桥

③京沪高铁丹阳至昆山特大桥：于 2011 年 6 月正式开放，登上了全球最长桥梁宝座。桥梁整体长度达到了 164.8 千米，甚至比纽约到费城的距离

还要长。

2. 实验：不同跨度拱桥的承重实验测试

用不同弧度的木拱桥模型测试承重的上限。截面边长为 1 厘米、长度为 30 厘米的木条，搭成不同度弧度的拱桥结构，做承重实验。

实验材料：塑料卡扣条、筷子、木条、科学书多本。

实验过程如下。

（1）合作搭建木拱桥，实验记录数据探讨搭建拱桥的方法，演练。

（2）测量、记录、分析受力原理。

（3）齐参与，共见证。

分析的结论：

拱桥弧度结构						
拱顶距水平面高度	15cm		22cm		27cm	
承重上限	第一次	78 本	第一次	94 本	第一次	128 本
	第二次	76 本	第二次	96 本	第二次	126 本
	第三次	78 本	第三次	97 本	第三次	126 本
结论	搭成不同弧度的拱桥结构，做承重实验，拱桥的弯度越大，承重上限越高，承重能力越大。拱桥弧度越大对两端的压力就越小。拱桥的弧度越小，对应的半径就越小，桥就越坚固，承重就越强。					

六、研究收获

通过这次研究，同学们知道了中国拱桥的美与历史贡献，知道了我国当代桥梁建造技术发展的伟大成就。在反复实验中知道了拱桥承重的科学道理。

七、致谢

（1）感谢科学课张东红老师、王建宇老师、沈淮老师的帮助。

（2）感谢所有支持我们的老师和家长们。

第四章　建筑

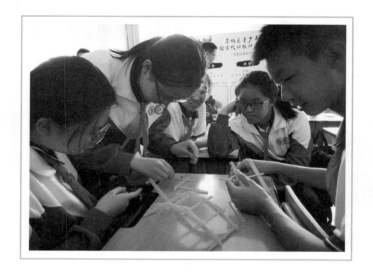

青少年眼中的中国古代科技

第五章 军事

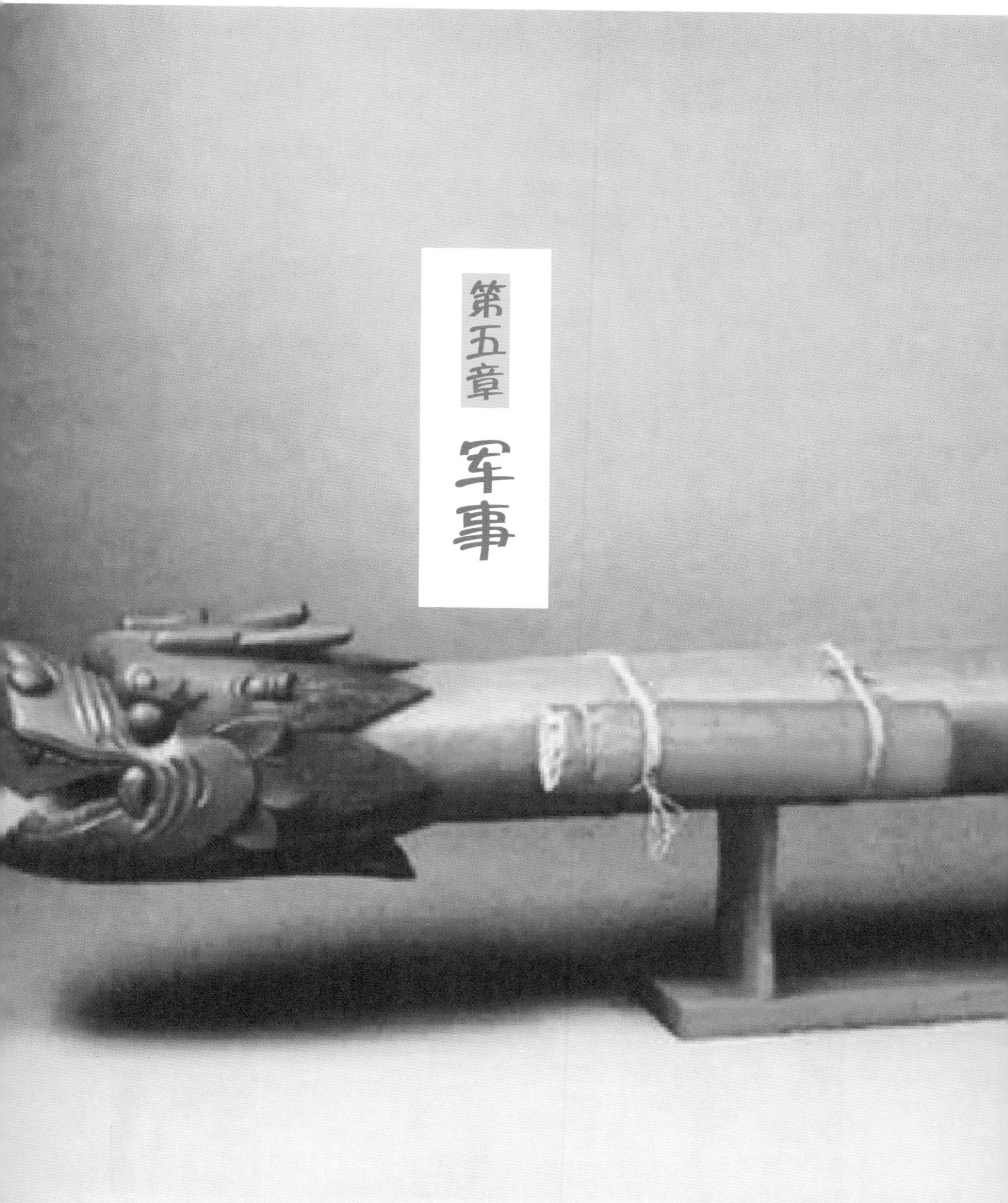

侦探征集令

　　火药是中国古代四大发明之一，火药的发明与炼丹术密切相关。到了10世纪后半叶，即五代到北宋初期，火药已经用于军事。除了火药，中国古代的科学技术在军事领域的应用还有哪些呢？

火药与火器

侦探笔记

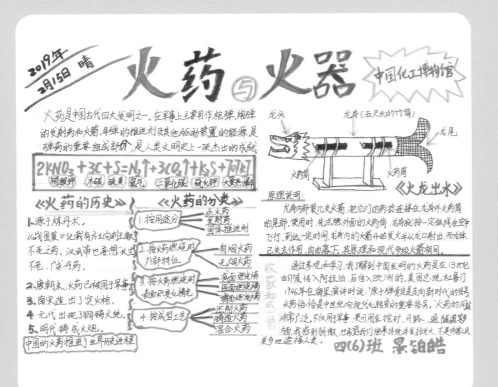

火药与火器　北京市东城区和平里第九小学　景铂皓

火药与"火龙出水"

北京市东城区和平里第九小学

景铂皓、李哲霖、刘芮彤、刘康宁、吴佳宇

一、背景研究

1."火龙出水"的历史

我们小组在博物馆参观时，发现了这样一件古物——"火龙出水"，它引起了我们的好奇。"火龙出水"是做什么用的呢？怀着好奇心，我们对它进行了深入的了解。

火龙出水是我国古代水陆两用的火箭，它也是二级火箭的始祖。发明于16世纪中叶，明朝中期。

龙头下面、龙尾两侧，各装一个半斤重的火药桶，将四个火箭引信汇总一起，并与火龙腹内火箭引信相连。水战时，面对敌舰，离水面三四尺远，点燃安装在龙身上的四支火药筒，这是第一级火箭，它能推动火龙飞行二三里远，待第一级火箭燃烧完毕，就自动引燃龙腹内的火箭，这是第二级火箭。这时，从龙口里射出数只火箭，直达目标，烧毁敌船。

"火龙出水"是我们古代四大发明之一的火药在军事上的一种应用。那什么是火药呢？

2.火药的起源

我国古代的炼丹家在长期的炼制丹药过程中，发现硝、硫黄和木炭的混合物能够燃烧爆炸，这种混合的物质就是火药，由于这种火药在爆炸时往往有很多浓烟冒出，因此得名黑火药。808年，唐朝炼丹家清虚子撰写了《太上圣祖金丹秘诀》，其中的"伏火矾法"是世界上关于火药的最早的文字记载。

3.火药成分的探究

火药的主要成分包括：硫黄、木炭、硝酸钾。

（1）硫：也称硫黄，浅黄色固体，质地柔软、轻，粉末有臭味。空气中含有一定浓度硫黄粉尘时不仅遇火会发生爆炸，而且硫黄粉尘也很易带静电产生火花导致爆炸。

（2）硝酸钾：无色、白色或灰色结晶状，有玻璃光泽。它与有机物、磷、硫等物质接触或撞击加热能引起燃烧和爆炸。

（3）木炭：在火药中起到防潮封闭空间作用，它的优点是易点燃；缺点是易发爆、不耐烧、燃烧时有烟等。

二、提出问题

1. 火药在爆炸时发生了什么？

化学反应方程式：$2KNO_3 + S + 3C \stackrel{}{=\!=\!=} K_2S + N_2 + 3CO_2$。

2. 这个化学反应方程式说明了什么？

硝酸钾、硫和碳一起发生反应，生成氮、二氧化碳和硫化钾。气体膨胀（氮和二氧化碳）产生推进作用。

3. 通过查阅资料总结出的启示：

（1）火药发生爆炸；

（2）瞬间产生大量的气体；

（3）气体的助推作用。

4. 提出问题

（1）古人是如何对火药中的三种成分进行配比的？

（2）"火龙出水"腹内的火箭是如何发射出去的？

三、实验计划

为了深入了解火药的化学反应、火药中各种物质之间的配比关系以及火药威力的作用，我们计划做如下一些小实验，对上述问题进行验证。

（1）研究物质是如何发生爆炸的。我们利用气球、自充气气球、电容、小苏打和白糖等，做一些小实验，观察爆炸现象。

（2）研究古人是如何找到火药中硝酸钾、硫和碳的配比关系的。我们利用食醋、小苏打、气球和饮料瓶等，将小苏打的量固定，配比不同量的白醋，记录反应后产生的气体量，试图找到小苏打和白醋的最佳配比关系，以验证古人在研制火药时找到的硝酸钾、硫和碳的配比关系。

（3）研究火药爆炸后产生的气体推力作用。我们利用自制喷气式火箭和自制气压式火箭进行了实验，观察气体量和气体压力对推力的影响。

四、实验过程

（一）研究爆炸的奥秘

1. 气球和自充气气球

实验目的：了解气球、自充气气球的充气过程。

实验材料：普通气球、自充气气球。

实验过程：吹气球，气球不断变大，最后爆掉了。将自充气气球内的小袋子挤破，使其中的液体和自充气气球内的固体小颗粒充分结合，气球鼓起来了。

实验结论：普通气球爆炸是一个物理变化，气球里的气压增大到气球无法承受的程度，气球就爆破了。自充气气球鼓起来是一个化学变化，它里面装有化学药品。它没有爆炸是因为产生的气体量在气球的承受范围内。

2. 电容爆炸小实验

实验目的：了解电容爆炸过程。

实验材料：电容、导线、电池、护目镜、变压器、透明塑料杯。

实验过程：将几个电池串联起来，连接导线，然后反方向连接电容，并戴上护目镜观察，但电容没有发生爆炸，分析原因，是因为电压不够，电容的电压是 25 伏。在第二次试验过程中，利用变压器，将两个变压器串联，改变电压，当电压达到 25 伏时，电容发生了爆炸。

实验结论：反向连接电容，当电压超过电容的承受能力时，电容就爆炸了。

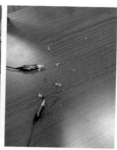

3. 火蛇小实验

实验目的：观察白糖燃烧时的膨胀现象。

实验材料：沙子、食用白糖、小苏打、酒精、火柴。

实验过程：将沙子均匀铺在盘内底部，倒上酒精，将小苏打和白糖按1∶4混合好后放在有酒精的地方，点燃酒精。

实验结论：小苏打在加热的情况下产生气体，将燃烧的糖膨化，燃烧的糖不断生长、变大。

4. 气体测量小实验

实验目的：寻找反应物的最佳配比关系。

实验材料：食用白醋、小苏打、气球、勺子、小杯子、矿泉水瓶。

实验过程：

（1）取一小杯小苏打，倒入气球中。

（2）往矿泉水瓶中放入同样体积的白醋。

（3）将气球和矿泉水瓶封闭连接，连接好后，将气球中的小苏打和瓶中的白醋混合。

（4）气球变大了，用软尺测量此时气球的最大周长。

（5）第二次还用同样体积的小苏打，但这次用2份体积的白醋重复上述实验，测量气球最大周长。

（6）不改变小苏打的体积，接着分别用3份、4份……白醋重复上述（1）～（4）步骤，分别记录气球的最大周长。

实验结果：经过测量发现小苏打和白醋的最佳体积比是 1 ∶ 5。

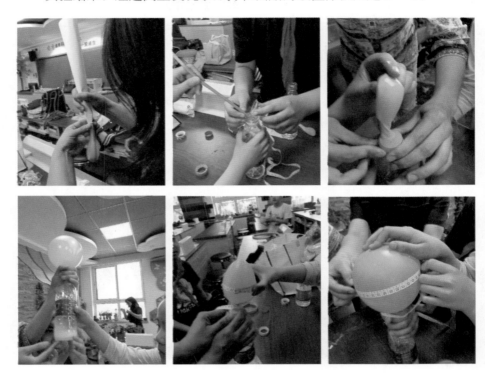

实验记录表

小苏打量（杯）	白醋量（杯）	气球最大周长（厘米）
1	1	23.5
1	2	33
1	3	35.5
1	4	41
1	5	48
1	6	48

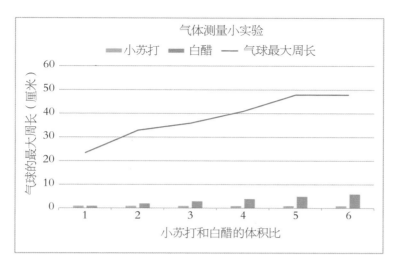

（二）研究气体压力的奥秘

1. 实验：自制喷气式火箭

实验目的：观察气体压力的影响结果。

实验材料：气球、胶带、吸管、两把椅子、大约 3 米的金属线。

实验过程：用吸管和胶带将膨胀的气球固定在搭好的金属轨道上，当气体流出时，在反作用力的推动下，气球向前冲出。

实验结论：气流产生巨大推力，气球中的气体量越大，气球向前运动得越快、越远。

2. 实验：自制气压式火箭

实验材料：吸管、彩纸、胶带、带盖子的可乐瓶、胶水或密封条、螺丝刀、剪刀等。

实验过程：

（1）用彩纸做成一个小火箭。

（2）用螺丝刀在矿泉水瓶盖上钻孔，插入吸管，并用密封条密封，形式一个简易的火箭发射器。

（3）将小火箭安装在发射器上（插在吸管处），用力发射，火箭喷射出去。

（4）用不同的压力压缩瓶身，观察火箭发射出的距离。

实验结果：气体的压力形成了巨大的推动作用，压力越大，火箭飞射的距离越远。

五、实验结果

（1）爆炸分为物理爆炸和化学爆炸，气球由于吹得过大而爆炸属于物理爆炸；而自充气气球能膨胀，是因为气球内的物质发生了化学反应，同时生产了一定量的气体。自充气气球没有发生爆炸，是因为控制了气体产生的量。如果产生的气体量过多，也会发生爆炸，这种爆炸就属于化学爆炸。

（2）我们通过实验，找到了小苏打和白醋的最佳配比是 1：5，即需要 1 份的小苏打和 5 份的白醋。这也验证了火药中的各种物质是需要不同配比的，只有配比合适，才能使爆炸发挥最好的效果。古代人研究的火药配比是"一硫二硝三碳"的比例关系。

（3）火药爆炸后，产生的二氧化碳气体产生了巨大的推进作用，利用这种推力可以发挥火器的威力。在"火龙出水"体内，火箭也是借助了气体压力发射了出去。

（4）在实验中，我们还发现了气体压力大小与推力的关系，即气体压力越大，产生的推力也越大。

（5）通过这次实验研究，我们掌握了科学研究的思维过程；在做各种小实验时，我们发现实际操作和凭空想象是有差距的，一定要亲自尝试，不断思考，才能积累经验，才能不断发现问题和解决问题。

六、致谢

感谢给我们提供场地的北京市第二十二中学第二十一中学联盟校的校领导和老师；

感谢给我们指导的和平里第九小学的科技课王老师和陪伴我们的家长们；

感谢东城区青少年科技馆的老师们精心组织了这次活动，让我们受益匪浅！

谢谢大家！

● 侦探感言

参加这次活动，我的收获很大。

首先，我学到了很多书本以外的知识。我不仅深入研究了自己小组设计的火药和火箭发射等知识，还从其他小组那里了解到了指南针、医药中的针灸铜人、建筑上的榫卯结构、弓箭弩、水稻栽培等其他领域的古代科学技术，这些知识大大开阔了我的眼界，让我对中国的古代科技和历史文化也产生了浓厚的兴趣，我觉得祖国妈妈真了不起。

其次，我掌握了一种技术探究方法。在研究火药成分、爆炸和火箭发射过程中，怎么设计实验，从哪些方面进行分析，实验结果说明了什么，都需要采用科学的方法和手段。我们采用的小实验都很有趣，给我印象最深的是电容器爆炸和火蛇小实验。

最后，我收获了把研究内容讲出来的信心和勇气。我记得当自己站在讲台上讲实验原理、演示实验的那一刻，内心特别紧张，虽然我已经做了很多准备，但总觉得还不够充分，内心不住打鼓，生怕自己讲错了。当台下大哥哥、大姐姐向我投来赞许的目光时，我知道自己成功了。

这一次活动给我的收获太大了。我特别感谢科技馆老师和科技王老师给我们小组的指导，让我们在快乐中收获了很多。

景铂皓

东城区古代科技研究性学习课程开设得非常好，孩子在这次活动中受益匪浅。它能培养孩子对科学的兴趣和热情，开阔眼界，让孩子从小就具有探索精神。

在活动前期，老师指导到位，采用循序渐进的方式慢慢深入，孩子比较喜欢，会主动问一些问题，很多材料要自己动手做，边学边玩，很快乐，感觉科学就在身边。

在展示期间，我们跟着孩子一起做了一些准备和演示工作。看到孩子能熟练地、自信地进行讲述和演示，作为家长感到很欣慰，也很感谢活动的组织者和学校。

我们家长非常支持举办这样的活动，希望这样的活动能越来越多、越办越好！

景铂皓家长

弩 机

青少年眼中的中国古代科技

侦探笔记

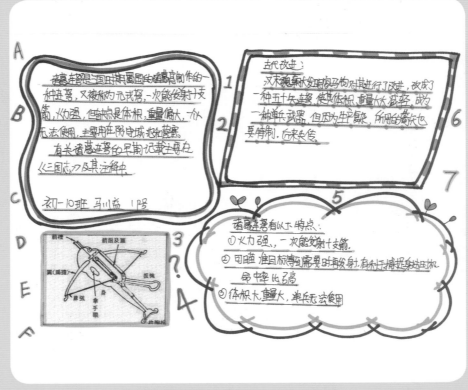

A

诸葛连弩是三国时期蜀国由诸葛亮创作的一种连弩，又被称为元戎弩，一次能发射十支箭，杀伤强，但缺点是体积、重量偏大，从而无法使用，主要用在防守城池和营寨。

B

有关诸葛连弩的早期记载主要在《三国志》及其注释中。

C

初一10班 马川益 1号

古代改进：

汉末魏晋时期马钧对其进行了改进，改成了一种五十矢连弩，使其体积、重量大大变轻，成为一种单兵武器，但因为生产复杂，所以后来也要特制，后来失传。

诸葛连弩有以下特点：
① 火力强，一次能发射十支箭。
② 可瞄准目标，需要时再发射，有利于捕捉战机，命中率比弓高。
③ 体积大，重量大，单兵无法使用

1
2
6
7
5
D
?
E
4
F
3

诸葛连弩 北京市第二十二中学 马川益

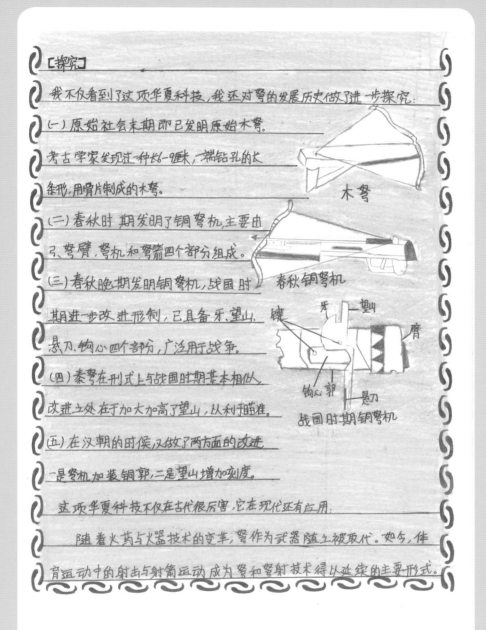

[探究]

我不仅看到了这项华夏科技，我还对弩的发展历史做了进一步探究：

(一) 原始社会末期即已发明原始木弩。

考古学家发现过一种长6-9厘米，端钻孔的长条形，用骨片制成的木弩。

木弩

(二) 春秋时期发明了铜弩机，主要由弓、弩臂、弩机和弩箭四个部分组成。

春秋铜弩机

(三) 春秋晚期发明铜弩机，战国时期进一步改进形制，已具备牙、望山、悬刀、钩心四个部分，广泛用于战争。

战国时期铜弩机

(四) 秦弩在刑式上与战国时期基本相似，改进之处在于加大加高了望山，以利于瞄准。

(五) 在汉朝的时候，又做了两方面的改进，一是弩机加装铜郭，二是望山增加刻度。

这项华夏科技不仅在古代很厉害，它在现代还有应用。

随着火药与火器技术的变革，弩作为武器随之被取代。如今，体育运动中的射击与射箭运动成为弩和弩射技术得以延续的主要形式。

弩机　北京市第二十二中学　赵梓钧

第五章　军事

161

【华夏科技小档案】
我发现的中国古代科技发明创造的名字是：青铜弩机

三国 魏

兵器

长 11.9 厘米

弩机上刻有制造年月和工匠姓名。

　　"正始二年"是公元 241 年，这时，魏、蜀、吴三国仍在进行战争。三国末年全国人口约 1600 万，吴国有 230 万、蜀国有 94 万，魏国和灭吴以前的西晋则有全国人口的四分之三，实力强大。

这项华夏科技被发现的地点是：中国国家博物馆
当时周围的天气、温度是这样的：2018 年 12 月 15 日 霾，2 度

【特工发现】
我觉得这项华夏科技很神奇、很厉害，因为：弩机到了战国时期，两国交战时开始使用一种更大的弩。史书上就曾记载过一种叫'连弩车'的大型机械武器，这种车一般放置在城墙上，由多名弩士驾驶，可以同时放出大弩箭 60 支，小弩箭无数。最为巧妙的是，弩箭的箭尾皆用绳子系住，射出后还能迅速卷起收回。古代作战，弩都是兵家所倚重的兵器。尤其在宋朝。

我不仅看到了这项华夏科技，我还做了进一步的探究和思考：
小小的青铜弩机在出土后仍然活动自如，表明秦代弩机的制作工艺达到相当高的水平。它是由望山——牙——钩心组成的联动机构的运动情况可以看出，望山——牙零件转动时，它与钩心组成的联动机构在运动的每一个位置都相当于一个槽轮机构。由此可见我国是使用单自由度槽轮机构最早的国家。

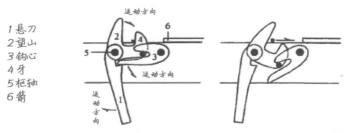

1 悬刀
2 望山
3 钩心
4 牙
5 枢轴
6 箭

这项华夏科技不仅在古代很厉害，它在现代还有应用：由于弩机结构简单，现在的近身战争中还有少许应用，更主要的是成为了一种运动竞技器械。

弩机　北京市第二十二中学　赵孟澈

弓弩的秘密

北京市一七一中学附属青年湖小学

王祁峥、王应麒、陈翰廷、樊令桢、贾子宸

一、研究背景和研究目的

中国古代有"十八般武艺"的说法，明代谢肇淛在《五杂俎》中对"十八般武艺"的具体内容作了记述："一弓、二弩、三枪、四刀、五剑、六矛、七盾、八斧、九钺、十戟、十一鞭、十二锏、十三挝、十四殳、十五叉、十六耙、十七绵绳套索、十八白打。"前十七种都是兵器的名称，第十八般名目"白打"，就是"徒手拳术"。在这"十八般武艺"中，排名前两位的就是弓和弩了，可见弓和弩在古人心目中的地位有多高。毫不夸张地说，在古代弓和弩是堪称冷兵器中"导弹"般的存在，堪称"华夏黑科技"。在中国古代抗击北方匈奴骑兵的时候，秦朝人民发明的弩机起到了很大的作用。

在大同市博物馆、咸阳市汉阳陵博物馆等地方，经常可以看到一种汉朝兵器部件——弩机。弩机是弩的击发装置，是弩最复杂的部件，是古代最早的机械装置，设计精巧，在当时需要很复杂的制造工艺。弩机由6个零件组成，都是用青铜铸造成的，有望山（也就是瞄准器）、悬刀（扳机）、钩心（止动器）和两个键（轴）。弩机能够代替人的手，承受更大的弓弦拉力，突破手臂拉伸的力量极限，可以用脚踏上弦，使弓箭有更大的拉力和射程。弩机还能够精确瞄准，迅速击发，并方便地复位，使弓箭有更高的精准度。

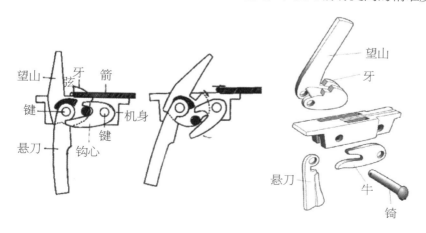

那么，弓弩的工作原理是怎样的？为什么被称为"华夏黑科技"呢？为了彻底弄清弓弩的工作原理，我们进行了一系列的原理探究，设计了科学对比实验，以揭示古代科技弓弩的奥秘。

二、研究方法

学习物理学中有关力学的知识，研究观察弓弩的具体结构，搭建弓弩实验装置，设计对比实验，用不同的材料模拟弓弩发射过程，记录实验数据，并进行研究对比。

三、研究过程

（一）弓弩原理探究

开弓射箭的科学原理是什么呢？我们制作了弓弩的实验装置，模拟其发射过程，并通过对理论知识的学习了解到：箭的作用是以初始动能抛出飞行，获得射程；用着靶动能刺伤敌人，实现远距离杀伤。弓的作用是发射箭，也就是把弓的弹性势能转化为箭的动能。弓的原理是通过弓身的弹性变形，以弓弦推动箭做功。

什么是做功呢？做功是能量由一种形式转化为另一种形式的过程。开弓射箭就是弹性势能与动能这两种能量在转化中，弹力做功的过程。如下图所示：

弓的弹性势能　　　　　　　　　　　　　　箭的动能

弓有多大的力，与变形量 x 和弹性系数 k 有关。变形量取决于弓张开的位置；弹性系数取决于弓的材质、结构和尺寸。如下图所示。

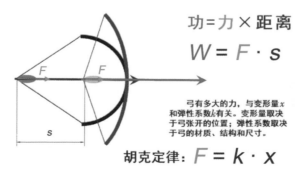

功＝力×距离

$$W = F \cdot s$$

弓有多大的力，与变形量 x 和弹性系数 k 有关。变形量取决于弓张开的位置；弹性系数取决于弓的材质、结构和尺寸。

胡克定律：$F = k \cdot x$

弓在回弹过程中，根据胡克定律，回弹到不同位置上的弹力 F 大小是不一样的，满弦时力最大，在回弹过程中逐渐减小。弹力做功的总和 W 是图中灰色的面积。

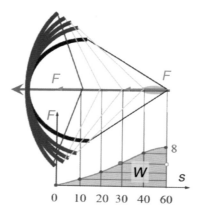

（二）实验探究

1. 实验一：探究了不同的材料制作的箭对功能的影响

实验步骤：我们使用碳纤维制作的弓和同样的弹力弹射不同材料（如吸管、一次性筷子、竹子、铅笔）做的箭时，不仅射程会不同，准度也会有很大偏差，例如较轻的吸管材料，既射不远，又容易在射程中发生很大偏转。我们发现，越轻巧的材料做的箭飞射过程中越容易受到气流的影响发生偏向。

实验现象：我们使用碳纤维制作的弓和同样的弹力弹射同一种材料（一次性筷子）做的不同重量的箭时，一支箭为一根筷子，另一支箭为四根同样的筷子绑在一起，结果是四根筷箭射出的距离大概只有一根筷箭的一半。我们发现，同样的弓同样的弹力，箭的重量不同会直接影响射程的远近。

我们针对箭在空中旋转的问题进行了改进尝试。例如：我们利用橡皮泥在筷子的前端增重，在后端制作出翅膀一样的尾翼（如右图所示），目的是减少箭的自旋。但实验效果不明显。

实验现场记录如右图所示。

2. 实验二：探究不同材料制作的弓势能转化为动能的效率

我们还在王祁峥爸爸的指导下利用弓、刻度尺、天平测力计和光电测速仪，通过测量箭的质量和速度，以及弓弦的拉力，计算出弓的势能和箭的动能，来探究能量转化的效率。

具体的实验过程如下。

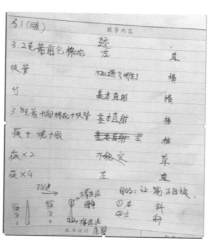

搭建测量弹力的实验装置，用弹簧测力计测量拉力，用钢板尺测量开弓位置。更换不同材料，多次测量并记录。

势能测量装置（自制）

光电测速仪

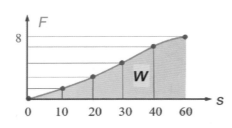

记录开弓位置和对应弹力的大小，填入下表，用直方图近似计算灰色面积，得到弹力做功的总和。

用天平测量箭的质量。用光电初速仪测量箭的初速，计算发射动能。

动能：$E_k=1/2mV^2$

值得一提的是，用光电初速仪测量初速，只需要在发射点测量，发射后用网或泡沫板阻挡箭。这样可以避免以射程衡量动能大小，降低对场地的要求，也更安全。

通过测量和计算，我们发现，不同的材料制成的弓身在能量转化方面存在差别，例如竹片制成的弓身在能量转化效率方面就不如用碳纤维制作的弓效率高。用竹纤维制作的弓能量转化效率大概是30%，碳纤维制作的弓的能量转化效率大概是60%。

竹纤维和碳纤维弓发射箭的动能（箭的质量 0.015 千克）

弓身材料	箭的初速度（m/s）	动能（J）	弓的势能(J)	弓箭的效率
竹纤维	6	0.27	0.8	36%
碳纤维	8	0.48	0.8	60%

四、研究结论

我们通过实验，发现不同的材料对功能的影响是不同的，如前文实验所述：不同材料的箭不仅射程不同，准度也会有较大偏差，越轻巧的材料做的箭飞射过程中越容易受到气流的影响发生偏向；同样的弓同样的弹力，箭的重量不同会直接影响射程的远近。通过测量和计算，我们还发现，用竹纤维制作的弓的能量转化效率大概是30%，用碳纤维制作的弓能量转化效率大概是60%。

五、研究收获

通过这次研究活动，我们了解了我国古代科技弓弩的科学原理和奥秘；通过亲手制作弓弩装置，了解了中国古代武器的精密。同时，我们还学会了根据原理设计对比实验来初步研究和验证我们的一些猜想，获得精确的数据来证实我们的推论。我们还懂得了如何去测量和计算势能与动能的转化效率，今后我们还可以利用这些装置去深入研究哪种材料制作的弓身和弓箭在能量转化方面效率最高。

● 精彩瞬间

第六章

器具

侦探征集令

  后母戊大方鼎是世界上最重的青铜器，重达832千克。它究竟是如何铸造出来的呢？四羊方尊是中国现存最大的青铜方尊，且极为精美。可是，你知道嘛，它上面的精美纹饰和造型不是雕刻出来的。

青铜铸造

侦探笔记

华夏科技特工笔记

【特工小档案】
姓名：周璐谊
年龄：13岁
学校：北京市第二十二中
班级：初一(2)班

【华夏科技小档案】

我发现的中国古代的科技发明创造的名字是：叠铸法

这项华夏科技被我发现的地点是：中国钟表技术馆

当时周围的天气很好，温度像合适(1~20℃)

【特工发现】

我觉得这项华夏科技很神奇、吸引着：叠铸法是把多个泥型承层叠合起来，用统一的注浇道一次浇铸多个铸件的方法，它适合小型铸件的批量生产，冲展品展示了汉代(前206~20)马车上一种青铜配件——车辖的圆环叠铸范模型。

我们没有看到这项科技，我还进一步探究，根据已发现的叠铸制范盒，可知叠铸工艺在汉代的发展：在西汉早期已经使用的楠莫平的铸造上，西汉中期的日渐丰富成熟的叠铸法的铸铁工艺；王莽时期，叠铸又和叠层范成为铸铜的主要方法。

【特工感言】

在华夏之光展厅，运用了各种先进的展示手段加信息技术，将古代的科技文明和文献记载较多的互动模型和互动展品，让我们可以亲身体验与操作，使我们了解了古代发明的制造发展其原理。身临其境，参与到相关的创造。了解古代科技的发展。

叠铸技术：细案范盒采用心轴组装，环盒等和用色检伴组装。铸案的浇注系统包括总口浇、直浇道、横支道和内浇道，并展现出同种类分别采用两侧式和水平式，两种发采和分方式。

失蜡法　北京市第二十二中学　周璐谊

特工发现

这项华夏科技之神奇、历害之处：

约2500年前，古人发明失蜡法。失蜡法顾名思义，就是要失去蜡，即将蜡熔化，倒出干净。古人用失蜡法制作出不计其数的小东西不知一个大底座，再日以继夜地拼装、未交正，成就了云纹铜禁等等无价之宝，为后世子孙留下了一笔宝贵的遗产。失蜡法所使用的材料十分奇特，连许多现代人都不知道是什么。更不用说古人了，他们在无数个夜晚彻夜不眠，才找来了特制的月光和沙子。在云纹铜禁出土之时，它破损严重，就像有没有组装的时候。四五名考古工作人员经过将近四年的努力，再加上现代科技的辅助，才把云纹铜禁拼成一件宝物组装好，何况还有更多技更复杂的宝物。古人是用一颗质朴、永恒的匠心来度量世间所有的困难，才完成了诸多无价之宝！

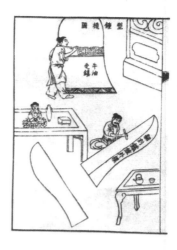

失蜡法　北京市东城区史家胡同小学　叶燚恒（1）

我还对这项华夏科技做了进一步的探究和思考：

在亚洲的东方，有一颗闪璀璨的明珠，它包罗万象，它源远流长，它就是中国。中国古代科技很发达，自然源于中国人的智慧！失蜡法便是中华民族智慧的结晶。它主要分为四步：首先，要制作出一个虫蜡模，上面刻上图案；然后，先在虫蜡模上刷一层特制月光水，再铺上一层特制沙子，反复操作到一定厚度，或用毛笔上泥包裹起来；接着，将被包裹的蜡模加热，把虫蜡熔化并倒出干净，不够下一点儿，否则成品会凹下去一块，十分影响美观和实用，至此，我们得到了3个画面空心有图案的"空壳"；最后，将熔化的金属液倒入模具，待到冷却后即可。为什么金属液不会熔化掉模具呢？我想，因为外壳使用特殊材料，可能能承耐高温。那又有问题了，云纹铜禁如此多又复杂，怎么被组装的呢？我认为在将熔化连模物的黄头火处先成半圆体半液体，快速接在一起，然后迅速冷却，就凝能结在一起了

失蜡法步骤图解：
① 制作虫蜡模，刻上图案
虫蜡模
② 特制制月光水、沙子，反复刷、镀
将虫蜡倒出干净
③ 空心图案模具
包裹好的虫蜡模
④ 金属熔液倒入并等待冷却
空心图案模具
⑤ 成品
（和原图有误差）

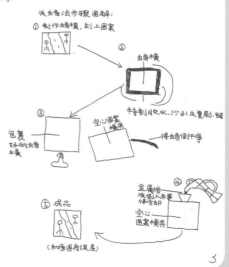

失蜡法　北京市东城区史家胡同小学　叶燚恒（2）

华夏科技小特工笔记

二〇一九年二月二十一日

姓名：赵果　　年龄：11

班级：五(2)班

学校：北京市东城区

史家胡同小学

[华夏科技小档案]

名称

云纹铜禁(失蜡法)

地点

河南博物院

天气 温度

多云 9°~ -2°

[特工发现]

云纹铜禁使用的失蜡法(熔塑不莫工艺)，因为它的出土使人们对失蜡法的认知推进了1100年。这项工艺至今仍有应用，这在当时是一项很超前的工艺，通过火熔化流失的蜡模铸造青铜器等，做成镂空，雕花等效果，如此精细而又简洁的事情，不得不让我们又佩服古人的智慧。该文物的发现，又让我们确信失蜡法是从中国自创而不是从印度传至中国，这精美的雕花，镂刻中也蕴藏着古代人的智慧，又让我肃然起敬。

[探究与思考]

失蜡法虽然在中国有所发展，但它真正的起源不在中国。据资料了解，埃及古尼罗河流域的苏美尔人早在远古时期就已发明了失蜡法。虽然当时的失蜡法并不成熟，为的是当时多种的崇拜即制作神像，但还是比中国的失蜡法要早一段时间。而中国的失蜡法并没有受到苏美尔或印度的影响，且比苏美尔或印度的更加精细美观。王子陪葬的这件文物出土，更是让我们知道了中国失蜡法的独创内容。

[章图]

(例:西汉鎏金透雕蟠龙铜熏炉炉身制作过程)

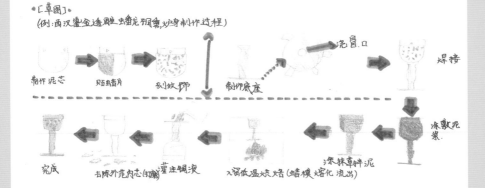

制作泥芯　贴蜡片　刻纹饰　制作底座　浇口口　焊接

完成　去除外壳内芯(打磨)　灌注铜液　入窑低温烘焙(蜡模熔化流出)　涂抹草拌泥　涂敷泥浆

失蜡法　北京市东城区史家胡同小学　赵果

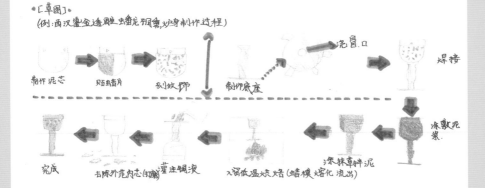

第六章　器具

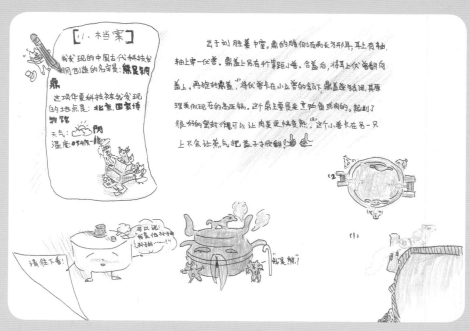

熊足铜鼎　北京市东城区史家胡同小学　吴方仪（1）

熊足铜鼎　北京市东城区史家胡同小学　吴方仪（2）

"一模一样"话青铜

北京市东城区史家胡同小学

叶燚恒　吴方仪　赵果　张赫

西周墙盘
（现收藏于陕西宝鸡青铜器博物馆）

四羊方尊
（现收藏于中国国家博物馆）

云纹铜禁（现收藏于河南博物馆）

一、缘起

　　"一模一样"在《新华成语词典》里的解释是："同一个模样。形容完全相同，没有两样。"生活中我们也常说"这个男孩和他爸爸长得一模一样"，当然，我们无须严谨地分析这句话，只是用这个成语表示二人非常相似。其实，"一模一样"这个成语来自古代的青铜制作。古代制作青铜器之前必须先做出它的模子，当完成一件青铜器后，它的模子就要被碎掉。这才是真正的"一模""一样",即"一个模子只能做出一件青铜器"。

在金属冶炼的萌芽时期,人们对金属的认识十分有限,当时利用最多的就是天然红铜。天然红铜的延展性很好,可以直接敲打后制成器件。天然红铜十分活泼,非常容易和其他元素发生化学变化。随着生产经验的不断积累,人们发现在冶铸红铜时加入一定量的其他矿物可以降低金属混合液的熔点,改变铜器的性质,最明显的变化就是增强铜器的硬度和脆性。经过现代技术的测试和分析表明:单质铜的熔点为1083℃,而加入铅、锡后,其熔点不断降低,当加入5%的铅、锡时,合金熔点为1050℃;加入20%的铅、锡合金时熔点为890℃;加入35%的铅、锡合金时其熔点降低为730℃。熔点的降低给金属冶炼带来了极大方便。例如,在河南偃师二里头遗址发掘的早期商代的青铜爵、青铜戈等器物就是例证。此后,青铜铸造工艺日臻完善。从此历史就进入了青铜时代。

戈(用于钩杀的兵器)

爵(斟酒器,或饮酒器)

作为一个时代,它必须具备这样的特点:青铜在人们的生产、生活中占据重要的地位。我国在大约公元前2000年以前掌握了青铜冶炼技术。河南二里头文化被认为是中国青铜时代的早期文化,因为那里成批出土了青铜礼器、各类容器、兵器、工具、饰物等。

二、经历

青铜器的使用流行于新石器时代晚期至秦汉时期，以商周时期的器物最为精美。商代后期青铜冶铸多用分铸法，也就是先铸器件再接铸附件，或者先铸附件再与器体铸接，以得到复杂的器形。西周时期陶范法进一步推广，能铸出较细的花纹，有些器体内还有铭文。春秋战国时期，失蜡法和低熔点合金铸焊技术得到使用，先前单一的范铸技术转变为分铸、蜡铸、硬焊、锻造等多种金属工艺的综合运用。这个时期的合金成分配比已经很严格，并且广泛使用铜锡铅三元合金。

秦汉时期青铜冶铸技术进步主要表现在叠铸法的技术成熟，代表为一级钱币、铜镜和鎏金器物的铸造。汉代钱币采用铜范、陶范浇注，合金成分稳定。但是秦汉时期铸铁技术的发明和铁器的推广使用，使铁器就此占据了主导地位。

（一）青铜器冶炼过程

首先要烧制陶范。制造陶范的泥料由含砂黏土或黏土配砂而制成，要经过烘烤才能使用。

青铜冶炼是从石器加工和制陶业中产生发展起来的。青铜器从夏代产生，到商周达到了鼎盛，其发展大致经历了以下过程：用石质或泥质范铸造形式简单的小件物品的草创期；用陶范熔铸大鼎的形成时期；商代中期用分铸法铸造大量精美的青铜礼器、兵器、车马器和生活用具的鼎盛时期；陶范熔铸技术推广普及的西周中期；用浑铸、分铸、失蜡等综合方法制造具有新器形、新纹饰青铜器等春秋战国时期。

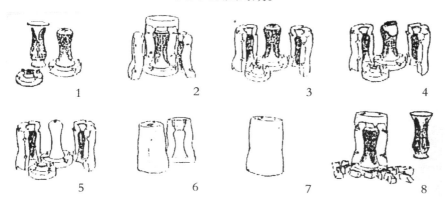

《天工开物》中的塑钟模图

　　青铜器大都是分铸，或称二次铸造。在商周时代的青铜器中，有的器物有活动部件，如卣（yǒu）的提梁是与器物连接的，但又能活动；鬲（lì）的盖与器物活动的链条连接；有的器物上装有立体的附饰。这些都是一次浇铸不能完成的，因此就创造了分铸法。先将器物的小件（如提梁、把手、盖子等）浇铸成，再将小的铸件嵌放在器物的主体范上固定住，与待铸青铜器固定部件或活动部件的空腔套嵌在一起，中间用范料隔开，这样，先铸的部件和器体就能固定或套铸在一起了。也有些青铜器则先铸器体，再合铸附件或附饰。

卣（专用于放香酒的盛酒器）

鬲

（二）合金

合金是一种金属与另一种或几种金属或非金属经过混合熔化，冷切凝固后得到的具有金属性质的固体产物。青铜器使用的是铜、锡、铅的合金，它们按用途的不同各自所用的比例有所不同。

青铜器中主要是铜与锡的合金，又被称为锡青铜。有的会含有少量的铅，一是为了降低青铜的熔点，二是符合对合金硬度的需求。《考工记》中最早记录了六种青铜器物中不同的含锡量，称为"六齐"，这六种不同合金的比例是：（这里的金指的是铜）

钟鼎之齐六分其金而锡居一；

斧斤之齐五分其金而锡居一；

戈戟之齐四分其金而锡居一；

大刃之齐三分其金而锡居一；

削杀矢之齐五分其金而锡居二；

鉴燧之齐金锡半。

配方（齐）	铜	铅 + 锡	铜含量
钟鼎之齐	6	1	85%
斧斤之齐	5	1	83%
戈戟之齐	4	1	80%
大刃之齐	3	1	75%
削杀矢之齐	5	2	71%
鉴燧之齐	2	1	67%

古代工匠在制造不同用途的铜制品时，会选用不同配比的原料。比如，制造钟鼎等乐器时，配比的含铜量就高，因为第一，作为打击乐器，以响亮的音色为主，铜的敲击音较亮；第二，器物的壁不能太厚，否则发音会显得沉闷；第三，打击乐器必须具有抗打击的强度和韧性，所以在铜中加入一定量的锡，但不能太多，反复试验后工匠们得出合适的配比为含铜量85%。

我国古代工匠们在不断的摸索中取得经验，技艺精湛，他们不仅在材料配比上有重大突破，而且对铜器表面的防腐、抛光度、铭文、镀饰等处理工艺也达到了相当高的水平。

（三）饼干实验

为了能体验古代冶铸青铜时的工匠精神，我也在家小小地操作一番：用家庭烤箱烤制饼干。

第一次烤制的饼干

第二次烤制的饼干

第一次实验：低筋面粉200克，黄油50克，蛋黄1个，砂糖少许，温度160℃，时间15分钟。

成品：偏软，偏酥，易碎，口感不佳。

总结：因为是第一次烤饼干，没有经验，所以无法判断是什么原因导致饼干不太成型，初步以为是黄油太多了。

第二次实验：低筋面粉110克，黄油50克，蛋黄1个，砂糖少许，温度180℃，时间20分钟。

成品：偏焦，成型，有硬度，焦香味，口感不错。

总结：饼干有点焦，是因为温度调高了一些，如果和第一次的温度相同，烤制的时间增加，效果可能会更好。口感也是酥性的，和第一次相比，用了同样量的黄油，所以第一次偏软的原因应该是时间偏短。

饼干很小，需要的配料也相对简单，但实际操作是有挑战的，更何况是青铜呢？古代匠人的韧性和坚持值得我们学习。

三、希冀

现代合金的技术已经相当成熟了，广泛应用于各行各业。比如，用于火箭和航天等领域的钛合金，我国的蛟龙号潜水艇的外壳就是钛合金；用于高精度机械加工、高精度刀具材料等的钨钢，属于稀有金属；用于电子工业集成电路板的微星钻的纳米合金；用于医疗材料（如牙齿矫正材料）和心血管支架等的形状记忆合金；等等。合金完善的技术为我们的生活带来便利和希望。不仅是合金的技术，冶炼青铜器的失蜡法也在现代工业中大显身手。

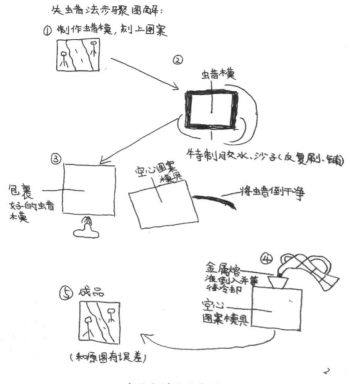

自绘失蜡法示意图

20 世纪 40 年代，美国一个航空工程师在中国看到失蜡法的技术后，回国后将其加以改造并运用于航空技术，解决了当时航空航天发动机的涡轮叶片较易断裂的问题，从此，这项两千多年前的古代技术继续活跃在现代工业的舞台上。

四、我是科技小特工

从 2018 年寒假开始，我就成为了一名幸运的科技小特工。假期里，我参观了国家博物馆，亲眼感受到我国的文明发展。带着问题，在家长的帮助下，通过互联网，我找到了很多关于青铜器的资料。就这样，经过一天天的努力，我完成了一份满意的"科学笔记"。这次活动让我体会到了坚持不懈的精神和成功的喜悦。如果以后还有这样有意义的活动，我一定还会参加！

　　我是"青铜冶炼"小组一名六年级的特工，能参加这次活动我十分荣幸。我希望我是一个有创新能力、有团队精神、有谦虚心态、能认真倾听的人，而这次活动恰好给予我这个难得的机会。我们小组在活动中分工明确、团结一心、勤加训练，结果也不负我们的付出，这是我认为最值得记下的一幕。当然，这次活动的成功亦离不开老师们的栽培与引导。

　　老师与我们共同商讨出活动的基本指向以及目标，有了这些，我们才得以有清晰的思路去为目标而努力；活动中小组自然躲不开分歧和卡壳，老师们调解矛盾，引导我们从偏僻的小路上回到"康庄大道"。老师们是我们这次活动必不可少的组员和伙伴。

　　对这次活动带给我的机会和老师、组员们再次表示我的敬意！

北京市东城区史家胡同小学　叶燚恒

　　今年的立夏时节，我和同学们一起参加了东城区"青少年探秘中国古代科技科普实践活动"，我被分到了青铜冶炼小组。从开始绘制我们的作品，到我们比赛的那天，其间经历了数个星期的精心准备。在参加青铜冶炼小组之前，我对青铜冶炼虽不至于一窍不通，但还是知之甚少。在青铜冶炼小组的几星期里，我参加了无数次的活动，在网上查找了大量的资料。我们大家不断练习、背诵自己的演讲稿，学习了许多关于青铜冶炼的知识，同时也无比惊叹于我国古代人类的聪明智慧。虽然这次的青铜冶炼活动已经结束了，但我知道，青铜冶炼的知识将永远留存于我的记忆中！

北京市东城区史家胡同小学　赵果

　　"科技小特工"活动是老师带领孩子们的一项研究"任务"，作为家长，不需要做什么。在这次活动中，孩子得到了成长。

　　最让我认可的是活动的流程：先搜集资料，通过研究得出结论和数据，然后用做实验来验证结论。在此过程中，我能看到孩子求知的执着眼神和最终成功的喜悦笑脸。所以，感谢老师把正确的学习理念教给孩子们：把知识运用于实践才能真正掌握知识。

　　愿孩子们在实践的道路上稳扎稳打，成长为知识达人。

北京市东城区史家胡同小学　叶燚恒家长

● 精彩瞬间

和指导老师一起进行探究

向同学展示研究成果

活动中使用的青铜器模型

第六章　器具

团队制作的展板

第七章　医药学

侦探征集令

　　中国古代医学，又称"中医"，自远古的夏商问世，一直延续至今，成为神州大地灿烂古文化中一颗璀璨的明珠，更成为中华民族的骄傲。科技小侦探们，快快行动起来，去发现丰富的医药学知识吧。

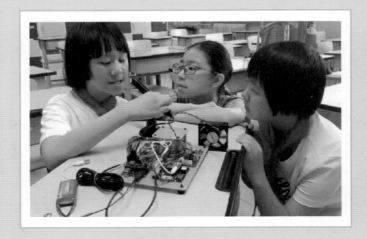

针灸铜人

侦探笔记

☞ [特工发现]

我觉得这项华夏科技很神奇,很厉害,因为:

它的出现,是世界医学发展史上一项重大科技发明.针灸铜人是我国宋代医官王惟一研究发明的,它是古人用来练习针灸用的.宋代每年都进行针灸医学考试.特水银注入铜人体内,体表涂上黄蜡完全遮盖经脉穴位.应试者根据考官命题凭借经验下针.一旦准确扎中穴位,水银就会顺着针孔从穴位中流出.医学史书把这一奇特的现象称为"针入而汞出",简直太神奇了.

王惟一像

我不仅看到了这项华夏科技.我还做了进一步的探究和思考:

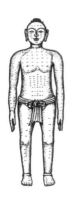

针灸铜人,整体由青铜铸造而成,身高和青年男子相仿,呈正面自然站立状.

铜人由浇铸而成的前后身两部分组成,利用制的插头拆卸组合,体腔内有木雕的五脏六腑.

全身共标有穴位657个,穴位名称354个.所有穴位都透穿孔隙.不仅可应用于针灸教学,还可应于解剖学.

针灸铜人 北京市东城区东四十四条小学 尹湘童

我不仅看到了这项华夏科技，我还做了进一步的探究和思考：

中医针灸历史悠久，在两千多年前就出现了。古代人是因为偶然被石头碰伤才发现这样对病症有缓解。在物资匮乏的年代，这种治病的方法，给了更多人健康的机会。这么多年过去了，针灸的方法和用具不断改善和进步，听说现在针灸还用在了减肥，真是与时俱进。中医针灸被列入世界非物质文化遗产，是全人类的财富，造福了世界人民。中华民族真是勤劳智慧，华夏的老祖宗真是伟大。

第 4 页

针灸铜人　北京市东城区史家胡同小学　汪馨阳

针灸铜人

北京市东城区东四十四条小学

尹湘童　范湘　刘思源

一、实验目的

（1）在现代文明背景下，欣赏古代科技创新。

（2）传承昨日的荣耀，播种明日的辉煌。

二、实验程序

（1）观察针灸大夫为什么能迅速准确地把针扎入人体穴位。

（2）探究古人为何用铜来制作针灸学习的人体模型。

（3）联想我们现在的科技技术，能不能制作一个不一样的针灸人。

三、实验结论

（1）我们聪明的祖先发明了针灸铜人用来考察学生们的针灸水平。

（2）之所以用铜，是因为材质比较硬，不容易腐蚀，大夫可反复使用。

（3）本次作品试图结合"创客理念"，辅助学生学习中医针灸相关知识。

四、实验过程

（1）怎样让学生更好地掌握相关中医知识？

两千多年前，我国最早的中医著作《黄帝内经》提出了"经络"的概念。从此，中国古代针灸医术基本形成。用针灸行医救人，必须遵循人体正确的穴位经络。起初，中医对穴位的确定主要依靠书籍和图本。由于没有主观形象作为参考，非但不方便，而且容易出现错误。

北宋天圣年间（1023—1031 年），在宋仁宗要求下，太医王惟一考订针灸经络，设计并主持铸造了两件针灸用的铜人模具。铜人与真人大小相似，胸腹腔中空，表面铸有经络走向及穴位位置，穴位钻孔。

有意思的是，这种铜人除了供人辨认穴位以外，还被用来考察学生们的针灸水平。据说，测验时，老师会先把铜人表面遍身涂蜡，铜人体内盛满水（一说为水银），然后给铜人穿上衣服。学生根据试题以针刺穴，针入水（或汞）出，方为合格。

通过这次活动，我们了解到宋天圣铜人是一个直立的青年男子形象。

据当年王惟一统计，人们所知晓的人体穴位名称为 559 个，其中有 107 个是一名二穴，所以针灸铜人上共有 666 个针灸点。铜人不仅可用于针灸学，还可用于解剖教学。这比西方的解剖医学早了近 800 年。

（2）古人为何用铜来制作这个人体模型呢？为什么不用其他材质进行制作？

这个问题一直围绕着我们，我们想能不能用布、塑料或者其他材质进行制作。

用布做的人体，给娃娃穿上外衣来练习针灸，虽然很容易把针扎进去，但是大夫很难找准穴位，因为布比较软，扎进哪里，手感都一样。

用塑料做的人体，比布多一项优势，是里面可以装水，针扎进去水可以流出来，可是问题来了，如果没扎对穴位也会留出水来，塑料也相对比较软，如果用它，大夫还没练两下，这个小人就扁了。

（3）我们能不能用现代的科学技术来制作一个"针灸人"呢？

我们利用学习到的电学知识制作了一个模型，当针扎入穴位时，灯珠会亮，而扎到非穴位时灯珠不会亮。

五、致谢

在这段充满奋斗的历程中，向指导和帮助过我们的老师表示最衷心的感谢！同时，也要感谢所引用专著的创作者，如果没有这些学者的研究成果的启发和帮助，我们将无法完成本次作品。金无足赤，人无完人。由于

190

我们队伍的认知水平有限，作品难免有不足之处，恳请各位老师和同学批评和指正！

参考文献

[1] 马维兴. 针灸同仁与铜人穴法 [M]. 北京：中国中药出版社，1993.

[2] 崔周若. 针灸临床实际 [M]. 汉城：探术堂，1975.

● 侦探感言

通过这次活动，我了解到宋天圣铜人是一个直立的青年男子形象。据当年王惟一统计，人们所知晓的人体穴位名称为 559 个，其中有 107 个是一名二穴，所以针灸铜人上共有 666 个针灸点。铜人不仅可用于针灸学，还可用于解剖教学。这比西方的解剖医学早了近 800 年。

通过这次活动，我了解到祖国医学强调"治未病"的理念。通过中医传统疗法改善人们亚健康状态或慢性病迁延。比如穴位敷贴治疗小儿哮喘。通过传统养生功法（八段锦、易筋经、练功十八法等）的锻炼刺激穴位，活跃人体筋络之气，从而达到养生保健的效果。

通过这次活动，我了解到扁鹊曾用针灸治好虢国太子的"尸厥"，让太子死而复生。后来，指导人们治病的书籍是《针灸经穴图》，主要按照唐代《黄帝明堂经》里指定的人体针灸经穴来治疗，但《黄帝明堂经》因唐末战乱而下落不明，使针灸取穴失去了标准。

北京市东四十四条小学　尹湘童

我是尹湘童的妈妈，自从孩子假期整理的科技小特工科学笔记被选中去参演后，孩子很兴奋，她找来同学们一起来探究针灸铜人的科学奥秘，感叹古人的智慧。为了更深入地了解这一古代发明，他们去图书馆、博物馆找资料，到中医馆看大夫扎针灸，研究针灸铜人的原理和医学价值，回到家后反复思考，加上自己的想法与创新反复做实验。看到孩子们对科技的兴趣和喜爱，我也积极配合孩子们，帮他们找些做实验的材料。过程都是困难艰辛的，但是他们克服了困难，最终做出了自己理想的作品，为他们感到骄傲。东城区科技馆举办的这项探秘中国古代科技发明创造科普活动真的很好，让孩子们积极参与设计，给孩子们人生上了一次重要的科技课，希望这样的活动多举办，让孩子们从小懂得科技的重要性与伟大，同时我也谢谢孩子的学校和帮助他们的老师，谢谢！

尹湘童家长

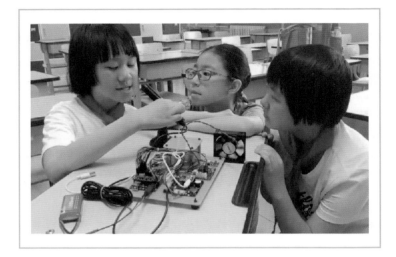

第八章

创意花车

青少年眼中的中国古代科技

● 侦探报告

STEM+ 创意花车

北京市东城区府学胡同小学

王珞镔　郭朝轩　汪芃菲　冀悦涵　王子涵

一、研究背景

（一）社会背景

北京 2022 年冬奥会将在 2022 年 2 月 4 日—2022 年 2 月 20 日在中华人民共和国北京市和张家口市联合举行。这是中国历史上第一次举办冬季奥运会，北京、张家口同为主办城市，也是继北京奥运会、南京青奥会后，中国第三次举办的奥运赛事。北京冬奥会设 7 个大项，102 个小项。北京将承办所有冰上项目，延庆和张家口将承办所有的雪上项目。北京将成为奥运史上第一个举办过夏季奥林匹克运动会和冬季奥林匹克运动会的城市，也是继 1952 年挪威的奥斯陆之后，时隔整整 70 年后第二个举办冬奥会的首都城市。同时中国也成为第一个实现奥运"全满贯"（先后举办奥运会、残奥会、青奥会、冬奥会、冬残奥会）的国家。

（二）学校背景

北京市东城区府学胡同小学（以下简称"府学"）兴建于1368 年，历经明、清、民国至今，名称几经更改，从"大兴县学""顺天府学""京师公立第十八小学校"到今天的"府学胡同小学"，纵观 640 余年历史，府学秉承孔孟之精华，将"忠恕做人、诚敬任事"之道，"博学于文、约之以礼"

之法授于一代又一代学子，在多元文化的变迁中，坚持"和而不同"的精神，历经600年风雨执着于"君子不器"的追求。今天的府学，完整地保留着殿（大成殿）、堂（明伦堂）、阁（魁星阁）、祠（文天祥祠）四位一体的古代建筑群，是一所具有中国文化情怀，充满现代气息的学府圣殿，也是自古至今保留孔庙建筑的现代学校。

府学以培养具有传统文化素养、现代意识的公民为目标，坚守"文化立校、文化立行、文化立人"的办学理念。学校倡导于"礼"文化学习中"立德"，于"礼"文化践行树人。

同时府学是北京市科技示范校，承载着引领与辐射科技教育的重任。近几年来，该校开展了很多丰富多彩的科技活动，其中模型类社团有：创意模型搭建社团、未来工程师社团、3D 打印社团、航天模型制作社团、智能控制社团等。通过社团建设，学生对模型制作非常热衷，参与多项科技活动和比赛，获得了很多市区级的好成绩。学生间形成了浓厚的科技创新氛围。

此外，2016—2017 年府学连续评为全国优秀调查体验活动学校，在2016 年成为全国调查体验优秀活动示范学校。北京一共有五所优秀活动示范学校，府学就是其中一所。

作为有着悠久历史的学校，担负着培养祖国未来接班人的重任，府学历来重视学生的全面发展，既培养文明懂礼的谦谦君子，传承中华传统文化，又培养适应时代需求的社会主义建设者和接班人。通过这次活动，学生经历设计制作创意花车的全过程，他们的认知能力、合作能力和创新能力得到培养，逐渐具备适应终身发展和社会发展需要的必备品格和关键能力，实现了"德智合一"的目标。

这次科技实践活动就围绕着 2022 年冬奥会的举办，基于学生对科技的热爱与梦想，体现了他们对祖国对学校的家国情怀。

二、活动目标

（一）知识目标

（1）通过参观、家长讲坛、专家讲座等形式，了解冬奥会项目的相关知识及冬奥会发展的历史，了解各民族特点及文化。

（2）通过制作冬奥花车学习电学、机械等方面的科学知识，认识刻刀、手锯等工具的名称及功能。

（二）能力目标

（1）通过设计、制作花车，掌握编程的技能、基本的劳动技能、基本工具的使用。

（2）学生能用设计思维的方法进行花车的设计与制作。

（3）学生运用多学科知识，设计与制作花车，培养学生的实践创新能力与合作能力。

（三）情感态度目标

（1）在花车的设计过程中，培养学生实事求是、批判质疑的科学精神；在制作过程中培养学生认真细致的品质和工匠精神。

（2）借助"冬奥"的教育，使学生体会到国家的强大，培养学生的爱国情怀。

（3）体现"民族风"的特色，在活动过程中传承中华"礼"文化。在合作中与同学和谐相处、以礼相待；在制作中遵守规则、明白道理；在学习中内化知识、学以致用。

三、活动过程

第一阶段："科技梦、府学志、冬奥情"STEM+创意花车实践活动知识收集阶段。

常态化学习、扎实学习——通过学科教学、班级活动、社团活动等，学习科技发展指导我们的相关领域的知识，掌握现代化信息技术手段，体验科技的魅力。

（1）2018年6月，各学科相关知识的传授与讲解。

（2）2018年7月、8月，学生通过多种渠道学习了解冬奥项目、冬奥精神等相关信息；同学们走出教室，走到社会大课堂中，学习了解相关知识，进行社会调研。

第二阶段："科技梦、府学志、冬奥情"STEM+创意花车实践活动体验阶段。

深入学习，实践体验——学生以家庭、班级为单位进行系列的体验活动，学生初步开展动手实践，汇报自己所见所闻，分享感受。

（1）2018 年 9 月，北京师范大学李亦菲教授对府学科技教师就"设计思维"做专项学习指导；管军老师对教师制作花车技能做辅导；同时通过中国国际科技促进会老师的介绍，了解现代科技发展动向，体验前沿科技成果。

（2）2018 年 9 月，学生走出教室，走进自然，感受冬奥元素。

（3）2018 年 9 月，班级选拔选手参加创意花车制作大赛。

（4）2018 年 10 月，校内开展"科技梦、府学志、冬奥情"STEM+ 创意花车实践活动动员。

（5）2018 年 10 月，参赛队员培训，各参赛队设计自己的花车，并完成设计与制作手册。

（6）2018 年 10 月 15 日，开展以"民族风、府学志、冬奥情"为主题的 STEM+ 创意花车挑战赛活动，活动中总结表彰优异完成此项活动的班级及学生。

第三阶段：“科技梦、府学志、冬奥情”STEM+创意花车实践活动总结汇报阶段。

（1）2018年11月，优胜参赛队根据专家意见进一步修改完善花车，制作花车的宣传海报。

花车所有展示的部分都应该是经过设计的，包括轮子

增加花车的艺术效果　　　　　花车上可以增加一些动感设计

（2）2018年12月，进行答辩活动。参赛队展示花车，进行讲解并回答专家提出的问题。

第四阶段：“科技梦、府学志、冬奥情”STEM+创意花车实践活动分享阶段。

（1）2019年1月至2月，教师进行设计思维培训及制作真花车的技能培训；在答辩环节中脱颖而出的两支队伍的学生进行真花车的客户需求调研。

（2）2019 年 3 月至 4 月，参考自己的花车，设计真花车，完成设计图。

学生初步设计

↓

专家指导

↓

完成设计

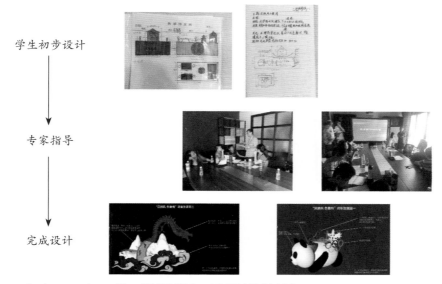

（3）2019 年 5 月，根据设计，购买所需材料。

（4）2019 年 6 月至 8 月，根据设计，制作真花车。

（5）2019 年 9 月，完善、修饰花车。

（6）2019 年 10 月，在府学科技节开幕式上展示真花车。

四、活动亮点

这次活动基于"德智合一，实践创新"的指导思想，围绕"立德树人"的教育目标，融合创新实践的教育理念，以"STEM+ 冬奥花车创新创意挑战赛"为载体，借鉴设计思维的过程方法，开展"冬奥"花车的制作活动，形成了如下亮点。

亮点一：做"德智合一"的科技教育。

（1）结合学校的"礼"文化教育。

府学"礼"文化教育与学科教学相融合，培养学生创新精神和实践能力，助力府学创新人才培养发展。府学一直坚守"文化立校、文化立人、文化立行"的办学理念，重视学生"德"的养成。倡导扬优秀传统文化、养现代文明习惯的德育教育。古语说"立人先立德"，立德就先要学会做人，"礼"是"德"的外在表现。这次实践活动中充分体现德育教育：首先，学生在活动中要遵守规则，建立规则意识；第二，活动以小组为单位参与挑战赛，每个人在小组中都有分工，发挥每个人的能力，所以孩子要懂得合作，学会宽以待人，第三，懂得欣赏，挑战赛要以组为单位，和其他组进行 PK，在 PK 的过程中不仅用批判的眼光看其他组的作品，更要用欣赏的眼光欣赏其他组的作品，汲取优点，丰富自己的作品。通过这样的一些活动，让学生体会到要先学会做人，再学会做事，再提高技能。

（2）强国意识教育：冬奥情。

国民体质是国家强盛的一方面，冬奥会正是展现我国冬奥健儿体质的好机会。每每在运动赛场上，看到运动健儿拿到奖牌，五星红旗冉冉升起，每一名中国人都为之骄傲、自豪！冬奥会的举办，将再一次向世界证明中国的强大！

（3）文化意识教育：民族风。

民族的就是世界的！这需要每一个中华民族的子孙传承与发展。借冬奥奠基，宣传民族，让中华精神走向世界。

亮点二：应用设计思维方法，开展活动。

2015 年 9 月，教育部《关于"十三五"期间全面深入推进教育信息化工作的指导意见》中明确提出鼓励探索 STEM 教育。设计思维作为一种培养学习者创造性解决问题的方法或工具，可以促进 STEM 教育，以设计思维的过程与方法为流程整合 STEM 学习及创客教育。制作冬奥花车的实践活动，在同理心环节，学生和教师共同发现真实生活中的工程项目、技术产品，确保设计的项目符合学生的兴趣和能力；在需求环节，要求学生深度参与项目的调查，了解"花车"的服务对象对"花车"的需求，与教师共同协商精确定义问题需求；在创意构思环节，采用头脑风暴等方法，生成可能解决的方案，优化项目中的产品并形成设计草图；在原型环节，按照设计图制作、修改、完善冬奥花车主体；在实际测试环节，以小组模拟、展示等各种方式测试是否符合需求。整个过程反复循环，直至达到满意的解决方案。

亮点三：基于 STEM 理念，多学科融合，培养学生科技创新综合能力。

基于 STEM 教育理念，以彩车项目为载体，推动多学科知识的融合，促进学生对综合知识的学习，构建跨学科的、综合的课程体系。本次实践活动综合了科学、品社、信息、劳技、美术等多学科知识的应用。例如，科学学科学习杠杆、轮轴、电学、声学等相关知识；品社学科学习各民族特色、冬奥发展历史等；信息学科学习各种编程软件的应用；劳技学科练习使用各种工具；美术学科感受艺术、创造艺术。

五、活动收获和体会

首先，整个活动过程中，教师对学生的指导不再是围绕某一学科领域的知识体系开展，而是围绕问题解决中如何应用知识而进行的。因此，各领域的学科知识体系，以及领域间的关联都是教师和学生需要了解和考虑的。这就需要教师有跨学科综合解决问题的能力，并能具备跨学科的教学能力。

第二，教师在活动过程中不再是独立教学的个体，而是与学生和教师团队合作共进的一名成员。教师要学会与学生、教师同伴的沟通、交流与协作。角色上也自然从传授者转变为学生学习过程的引导者、组织者和支持者。

第三，围绕着"民族风、冬奥情"的主题，学生们用一辆辆充满冬奥冰雪气息、富有民族特色的智能彩车模型，展示了2022年冬奥、展示了优秀的中国民族文化。提高自己综合能力的基础上，也展现了学生们支持和参与冬奥的热切愿望。

六、活动反思

（一）经验

1. 以主题式教育推动科技教育活动的创新

以"冬奥"为主题，结合当前热点话题，与时俱进，开展主题式的科技教育实践活动，推动学校科技教育活动内容与形式的创新。

2. 注重群体性活动与社团活动有机结合

在整个活动过程中，我们发现，科技社团的孩子表现得特别活跃。他们有的参加未来工程师社团，在花车结构的整体设计中起了重要作用；3D打印社团的孩子对花车细节的设计有自己的见解；北斗启航社团主要设计花车上声光电的应用……活动让这些孩子有了自己的展示空间，他们在实践中检验自己的学习成果、展示自己的特长，很有成就感。同时也会吸引更多的孩子加入到社团活动中来。

（二）不足

（1）师资不足。

①教师专业知识深度与广度不够，在活动中特别是设计环节，学生较多地需要教师的指导，而我们教师的专业知识显得欠缺。

②各学科教师的合作机制有待完善。

（2）对于整个调查体验活动过程性的成果积累可以更加丰富，注意阶段的小结和成果的留存。

（3）缺乏科学、严谨、系统的评价机制。

我不仅看到这项华夏科技,我还做了进一步的探究和思考:

风筝不仅用来娱乐,也可以用来帮助人们调节身体健康,改善血液循环状态,调节改善视力,预防近视和弱视,在古代风筝还有一个重要用途,就是军事作用.在古代风筝叫木鸢,一直是战争时期通讯和侦探的重要工具,并能带上火...争进攻的武器.古代时风筝也曾被用于军事上侦察其...行测距、越险,载人的历史记载.

侦探笔记集萃

这项华夏科技不仅在古代很...现代还有应用:
风筝是世界上最早的重...行器,本质上风筝的飞行原理和现代飞机很相似,约...,使其与空气产生相对运动,从而获得向上的升力.在一些国家的博物馆中至今还展示有中国风筝,如美国国家博物馆中一块牌子醒目的写着:"世界上最早的飞行器是中国的风筝和火箭".英国博物馆也把中国的风筝称之为"中国的第五大发明".据史料记载,中国的风筝大约在十世纪传入欧洲,这对后来的滑翔机和飞机的发明有很重要的作用。

特工感言

Ladys and genlemen,我是华夏科技小特工,我要发表我的感悟和收获:通过这次活动,我对这小小的风筝有了新的认识,原来它的用途那么...

我不仅看到了这项华夏科技，我还做了进一步的探究和思考：

古代印刷术流程图

```
┌─────────────┐        ┌─────────────┐
│以细纹理木材   │        │依照版式规格将 │
│制成平整木板   │        │文字写于薄纸   │
└─────────────┘        └─────────────┘
      ↓                       ↓
┌─────────────┐        ┌─────────────┐
│将写好的文字的 │   ←    │  校正写样    │
│纸反贴在木板   │        └─────────────┘
└─────────────┘
      ↓
┌─────────────┐
│雕刻文字或     │
│图像          │
└─────────────┘
      ↓
┌─────────────┐        ┌─────────────┐
│  印 刷       │   ←    │  准备纸张    │
└─────────────┘        └─────────────┘
      ↓
┌─────────────┐
│将印页装帧成   │
│册(卷)        │
└─────────────┘
      ↓
┌─────────────┐
│  成 品       │
└─────────────┘
```

纸张

石碑

这项华夏科技不仅在古代很厉害，它在现代还有应用：从二十世纪50年代开始，印刷术不断地采用电子技术、激光技术信息科学以及高分子化学等新兴科学技术所取得的成果，进入了现代化的发展阶段。70年代，感光树脂凸版、PS版的普及，使印刷迈入了向多色高速方向发展的途径。80年代电子分色扫描机和整页拼版系统的应用，使彩色图像的复制达到了数据化、规范化，而汉字信息处理的激光照排工艺的不断完善，使文字排版技术产生了根本性的变革。90年代彩色桌面出版系统的推出，表明计算机全面进入印刷领域。总之，随着近代科技的飞跃发展，印刷技术也迅速的改变着面貌。

印刷术　北京市东城区西中街小学　王雅欣

华夏科技小特工

笔记

特工小档案

姓名：刘佳怡

年龄：12岁

学校：北京市东城区史家胡同小学

班级：2.小

特工发现

我觉得这项华夏科技很神奇，因为：

雕板印刷 能批量印刷，只要刻出

一个板就能印出许多本。而且雕板印

刷是阳刻，比石碑拓下的省墨，并且字

华夏科技小档案

我发现的中国古代科技发明创造的名字是：

雕板印刷术

这项华夏科技被我发现的地点是：

中国印刷博物馆

当时周围的天气，温度是这样的：

晴，3℃

迹清晰。板面平整让雕板易存放。相比活字印刷术，雕板印刷术不需要排板，有的字活字库中没有，需要现刻，雕板印刷就没有这样的问题。而且制作雕板比制作上千个活字省钱，印出来的复本售价也更便宜，更促进了印刷文本的普及。

我不仅看到了这项华夏科技，我还做了进一步的探究和思考：

如果要印制多次重复文本，雕板就不好与普通板一样拿板，所以我觉得应设计一个专门印制重复文本的雕板如吓图1使用方法如图2.3！

图1   图2   图3

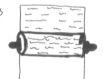

特工感言

中国古代科技发明创造多种多样，有沿用至今的，有的因为技艺失传或现在不需要了等种种原因被遗在了历史长河中。但这些发明创造都凝聚了古人的心血。我们现代人将它们改进，改成我们需要的样子，不论它们变成什么样子，热爱钻研，善于发现问题并努力想办法解决是永远的道理。

雕版印刷术   北京市东城区史家胡同小学   刘佳怡

【特工发现】

我觉得这项华夏科技很神奇、很厉害：

说它神奇，是因为它采用单个活字灵活制版，更奇妙的是每一个活字都被刻成反体单字，巧妙地处理了文字印刷的问题！制版的过程更有趣，人们只要根据作品内容找出需要的单个活字，接下来就是"拼图"的时刻，对号入座。

说它厉害，是因为只要准备好足够的活字，就可以随时拼版，自由更换。印完后，还可以拆版，活字可以重复使用，节约了资源，避免了浪费。最厉害的是，这是中国古代的四大发明之一哦：足以让每一个中国人骄傲和自豪的了。

探究与思考：

活字印刷术主要工序是选字、排版、校对、上墨、铺纸、印刷等，最大的特点就是"活"，根据内容找出所需的反体单字，放到一块带框的底托上制版，印刷的时候，只要在版型上刷上墨、覆上纸，加一定的压力就行了。印完以后，活字可以取下来，重复使用。

活字印刷术需要事先刻好大量的单字备用，可是那么多字模怎么查找啊？古代的查找方式有点像现在图书馆里的图书检索，一排排图书分门别类后，编上编码，字模的查找是按着字的韵排列顺序，这是不是很巧妙！

2 / 2

活字印刷术　北京市东城区史家胡同小学　郝子涵

青少年眼中的中国古代科技

206

原理草图

(1) 刻制单字：

把胶泥做成四方长柱体,一面刻上单字,再用火烧硬,使之成为陶质,一个字为一个印,存放在木格中。

(2) 排版1：

先在铁板上敷上松脂、蜡和纸灰等粘固物,放上铁框。把活字一个个排列进去。

(3) 排版2：

然后用火烘烤,将粘固物熔化,与活字块结为一体。用平板按压版面,使之平衡,冷却后字固定板上。

(4) 印刷：

冷却后就可以印刷了,一般设置两板,一板印刷,一板排字。交替使用,印刷进度加快。

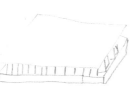

活字印刷术　北京市东城区回民小学　何昀涵

[特工小档案]

姓名：贾紫淇
年龄：9岁
学校：史家小学
班级：三(2)班

活字
印刷术

华夏科技
小特工科
学笔记

[华夏科技小档案]

我发现的中国古代科技发明创造的名字是**活字印刷术**。活字印刷是方法，是把需要印刷的单个汉字做成阳文反文字模，然后按照需要印刷的文章把单字挑选出来，排列在字盘内，涂墨印刷，印完后再将字模拆出，下次排印时再次使用。

我是在北京冬奥会场地、崇礼滑雪场发现这项华夏科技的，当时我在参加滑雪集训，老师交我们用汉字模型和道具，现场体验了活字印刷的过程，给我印象非常深刻。

[特工发现]

活字印刷术是一项很神奇的华夏科技。印刷术是中国古代四大发明之一，已经是当时华夏领先全世界的标志之一，而活字印刷术的出现更是印刷史上一次伟大的革命。北宋平民发明家毕昇总结了

活字印刷术　北京市东城区史家胡同小学　贾紫淇

特工小档案
姓名：蔡一凡
年龄：16
学校：北京市第二十二中学
班级：高二6班
华夏特工科技小档案
名字：被中香炉
地点：中国科技馆
天气：晴朗
温度：3°
特工发现

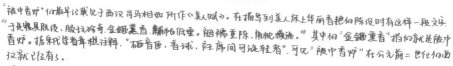

"被中香炉"的最早记载见于西汉司马相如所作《美人赋》。在描写到美人床上华丽香盒的陈设时有这样一段文字："于是寝具既设，服玩珍奇，金鉔薰香，黼帐低垂。裀褥重陈，角枕横施。"其中的"金鉔薰香"指的就是被中香炉。据宋代学者程大昌注释，"鉔音匝，香球，在席间可旋转者"。可见"被中香炉"在公元前二世纪的西汉就已经有了。

1963年，西安出土的被中香炉，制作精细，雕刻雅致。在香炉中放着香料，点燃以后，放在被褥之中，随意滚动。香炉始终保持水平状态，不会倾翻，香火也不会倾撒出来。到唐代，这种香球不仅用在被褥中，还可挂在屋里帷帐中。

现场见解
典型技术描述是"万向支架"的早期不成应用，而非严格意义上的"陀螺仪"应用。最大区别在于，陀螺仪是集中的那个转子提供转向，其旋转所产生的惯性是其维持姿态的原因。而被炉中间设置香料的部分是固定的，其维持姿态依靠的是重力，稳定性远不如陀螺仪。而这个上面的订是订印是所的，但实际上并不妨碍所被中香炉的技术含量。万向支架，作为早期人类模拟出来的惯性空间，能够在低速运动中防止人体运动和香炉的相互干扰力距。本身也很了不起。

特工感言
我知道了中国古代科技远不止"四大发明"。让我更加清晰地认识到我国古代重要发明创造远不止于此。而我更加认识到是科技的发展才推动了人类的世界。是科技的发展才让我们拥有这新科美好的生活。科技省底是兴国之路，科技发展是中华民族发展的第一动力！

被中香炉　北京市第二十二中学　蔡一凡

风筝制作方法

主要材料：纸、竹子或者木条、尼龙绳、线

1、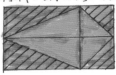
将纸折成菱形，把多余的部分剪掉。

2、
准备好两根木条，把它们叠成十字架，并且用绳子将其绑牢。

3、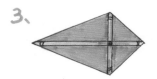
把剪好的纸的四个角各戳两个洞，这样可以用尼龙绳把十字架固定在纸上。

4、
将一根绳的两端分别绑在短木条的两端，再用一根稍长的尼龙绳的一端绑在这根尼龙绳的中央。

5、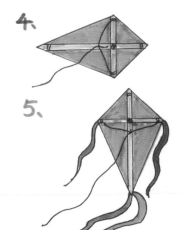
为了美观，用一些自己喜欢的飘带绑在风筝两端和尾部，风筝制作完成。

〈3〉

风筝　北京市东城区史家胡同小学　李欣妍

【特工发现】

我觉得这项华夏科技很神奇、很厉害，因为：

  风筝是世界科学史上的一项重大发明，风筝起源于中国，相传风筝是春秋时代鲁国人鲁班发明的。中国人曾用风筝将士兵升到空中用以侦察战场，"四面楚歌"中风筝起了大作用。人类不仅把风筝用于军事和娱乐，还用它进行科学实验，探索人类和自然的秘密。如科学家富兰克林用风筝引来雷电，发明避雷针。莱特兄弟受风筝启发发明飞机。后来人们将风筝广泛用于航空、天文、气象、电视卫星转播、无线电发报等领域，就连英国建筑师架悬桥时也曾借助了风筝的力量。因此，在美国华盛顿宇航博物馆的大厅里挂着一只中国风筝，在它边上写着："人类最早的飞行器是中国的风筝和火箭。"

我不仅看到了这项华夏科技，我还做了进一步的探究和思考：

  风筝是人类制造的第一种比空气重的飞行器，风筝和机翼的受力情况基本相同，有升力、推力、阻力和地球引力。风筝之所以能飞是因为它们从风中获得了升力，风越猛，推动风筝飞上天空的力也就越大。要想保持飞行，风筝必须和风向保持一定的角度（叫作冲角）。

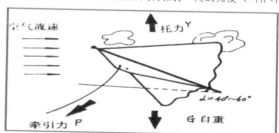

2

    风筝 北京市东城区史家胡同小学 任梓卿

猪的驯化　北京市第二十二中学　刘雨桐

勾股定理　北京市东城区史家胡同小学　贾妙琰

灌溉

什么是灌溉？

滴灌是近几年来迅速发展起来的一种节水、高效的灌溉技术，该技术通过滴头点、滴的方式，缓慢地把水分、肥料等送到作物根部，使主要根系的土壤含水、含肥状况持最优。它是目前干旱缺水地区最有效的节水灌溉方式，其水的利用率可达95％。

我的感想

这次活动让我体会到了中华人民利用智慧的大脑去发明有用的东西，灌溉对我们的生活非常有用，我希望我们能够将这种精神传扬下去！

灌溉　姜妙宜

华夏科技小特工科学笔记

姓名：张思睿　年龄：10岁
学校：史家小学　班级：四年级十四班
名字：光学望远镜　地点：北京天文馆
天气：阴，有风的　温度：白天气温−1°

光学望远镜的原理草图：

A：目镜　分划板　物镜
B：屈光度调节镜片　目镜　分划板　正像镜　物镜

我不仅看到了这项前沿科技，我还做进一步的探究和思考：

望远镜是人类最伟大的发明之一，它扩展了人类的视力，让人类有机会窥见宇宙深处的奥秘。经过400多年的发展，望远镜从最初的简陋形式，演变成了今天口径超过10米的金属机器。天文学家为了制造更大的望远镜不断尝试各种新材料和新技术，如今，每一台望远镜都是最沿科技的集合体。这里为你展示的是地面光学望远镜的传奇历程。

光学望远镜　北京市东城区史家胡同小学　张思睿

华夏科技小特工——景泰蓝探寻

姓名：徐存一
年龄：10
学校：史家小学
班级：四.13

我发现的中国古代科技发明创造的名字是：**景泰蓝**

发现地点是：**大英博物馆**

中国的景泰蓝真是太美了,历经700-800多年,经历战乱,从中国运到英国,在大英博物馆保持至今,依然光彩鲜艳。

我上网查了景泰蓝的制作过程,特别读了叶圣陶爷爷写得关于景泰蓝制作的文章,景泰蓝制作包括:制胎,掐丝,点蓝,烧蓝,打磨和镀金。

用红铜制胎,将它打成预先设计的形状。

将扁铜丝粘在铜胎表面上。

在铜丝之间填色料,一般以蓝色为主。

将做好的花纹,放到炉子里烧,涂三回,烧三回。

先用磨刀石水磨,再用椴木炭磨。

全镀在全部铜丝上,方法用电镀,镀了金,铜丝就不会失色。

景泰蓝陶瓷似文成各种器皿不仅可以观赏,而且可以使用。

景泰蓝　北京市东城区史家胡同小学　徐存一

我是华夏科技小特工

● 特工小档案
姓名：李鑫茹
年龄：13岁
学校：北京市第二十二中
班级：初一(7)班

● 华夏科技小档案
我发现的中国古代科技明创造的名字是"九龙公道杯"。
这项华夏科技被我发现的地点是：图书馆
当时天气：晴

● 特工发现
公道杯是古代的一种特制酒杯,明洪武年间,御窑厂成功烧制"九龙杯"进贡给皇帝朱元璋,在宴会上朱元璋想出自己的想法想惩戒这些大臣,给他们倒了浅浅的酒,而自己倒了满满的酒。于是宣布满酒大臣们酒倒得浅,就流尽而不料,满杯中的酒流尽,而浅杯中的酒隐隐漏尽。此杯甚为公道,可以平,不可过满。

为遵记从此杯做"公道"所得到的教训,便把九龙杯"改名为"九龙公道杯",历史上也把它称作"戒盈杯","平心杯"。

我的探究和思考：
它巧妙地运用了虹吸原理。通流从茶壶处通过一条抵起弯管先向上流向小茶到教微处,再到通管弯里绕作U字形的一端接上,使用时管内以像先充满液体。公道杯里外两孔之间由空管相连,外部一端较低的端,而管形杯柱抵杯标小圆窝的位置即管理端细低的,当抵开水位于茶平于小圆窝时,水不能漫过空管而逆流,当水超过小圆窝时,水面高出比空管柱压力于是通过虹吸而使水柱着管漏水到杯外直至流净。

九龙公道杯　北京市第二十二中学　李鑫茹

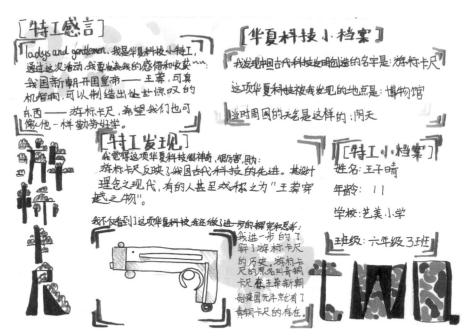

[特工感言]
ladys and gentlemen，我是华夏科技小特工，通过这次活动，我要发表我的感悟和收获.....我国新朝开国皇帝——王莽，可真机智啊，可以制造出让世惊叹的东西——游标卡尺，希望我们也可像他一样勤劳好学。

[华夏科技小档案]
我发现中国古代科技发明创造的名字是：游标卡尺
这项华夏科技被我发现的地点是：博物馆
当时周围的天气是这样的：阴天

[特工发现]
我觉得这项华夏科技很神奇，很厉害，因为：游标卡尺反映了我国古代科技的先进。其设计理念之现代，有的人甚至戏称之为"王莽穿越之物"。

我不只看到了这项华夏科技还做了进一步的探究和思考：我进一步的了解了游标卡尺的历史，游标卡尺的原名叫青铜卡尺，在王莽新朝始建国元年就有了青铜卡尺的存在。

[特工小档案]
姓名：王子晴
年龄：11
学校：艺美小学
班级：六年级3班

马鞍游标卡尺走马灯计时器　北京市中央工艺美院附中艺美小学　王子晴（1）

[特工小档案]
姓名：王子晴
年龄：11
学校：艺美小学
班级：六年级3班

[特工感言]
lady and gentlemen 我是华夏科技小特工，通过这次活动，我要发表我的感悟和收获.....古代的人们创制的这些既丰富了人们的生活，还体现了我国古代高超的设计思想和创造才能。

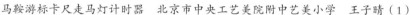

[特工发现]
我觉得这项华夏科技很神奇，很厉害，因为：在过去，走马灯一般在春节等喜庆日子里表演，由一二十几个小孩组成，边唱边跳，根据节奏快慢形成不同阵势，有兴旺、五谷丰登的寓意。
我不只看到了这项华夏科技我还做了进一步的探究和思考：可以把走马灯更加的融入生活，比如做成玩具，加入小学课程里，让人们更了解、认识一种特色工艺。

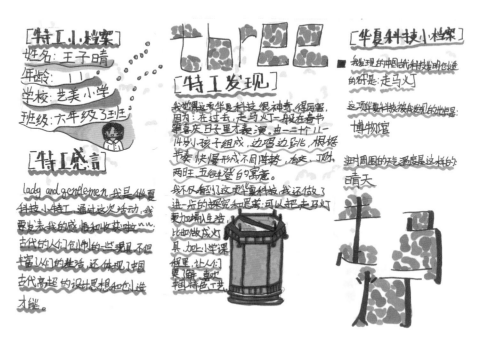

[华夏科技小档案]
我发现的中国古代科技发明创造的名字是：走马灯
这项华夏科技被我发现的地点是：博物馆
当时周围的天气温度是这样的：晴天

马鞍游标卡尺走马灯计时器　北京市中央工艺美院附中艺美小学　王子晴（2）

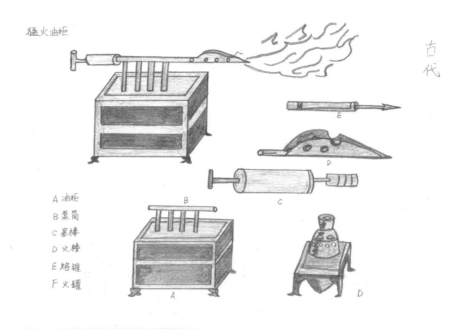

猛火油柜

古代

A 油柜
B 泵筒
C 墨棒
D 火楼
E 烙锥
F 火罐

猛火油柜　北京市东城区东四九条小学　王昱光（1）

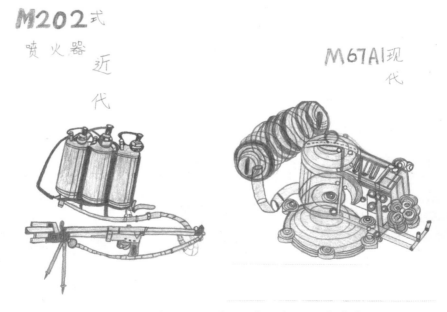

M202式
喷火器 近代

M67A1现代

猛火油柜　北京市东城区东四九条小学　王昱光（2）

青少年眼中的中国古代科技

【特工小档案】

姓名：郭润
年龄：12
学校：北京市第二十二中学
班级：初一 二班

【华夏科技小档案】

我发现的中国古代科技发明创造的名字是：木牛流马

这项华夏科技被我发现的地点是：中国历史博物馆

当时周围的天气，温度：天气晴朗，27℃

【特工发现】

我觉得这项华夏科技很神奇，很历害，因为：木牛流马，

为三国时期蜀汉丞相诸葛亮发明的运输工具。建兴九年至十年

（231年－234年）诸葛亮在北伐时所使用，其载重量为"一岁粮"（一个士兵
一年的口粮），大约四百斤以上，每日行程"特行者数十里，群行二十里"为蜀国
十万 大军提供粮食。

我不仅看到了这项华夏科技，我还做了进一步的探究和思考：
原理，它采用了助力结构，里面可能加有飞轮结构。从它的运行书讲，
里面采用的有齿轮结构，曲柄连杆机构。人推动杆时题的曲柄连杆
机构通过齿轮带动飞轮，飞轮运行积起书。又因为飞轮的惯性，给牛以

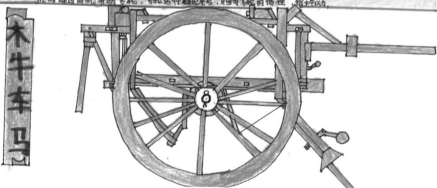

木牛车马

木牛流马　北京市第二十二中学　郭润

华夏科技小特工科学笔记

特工小档案：

姓名：王子程
年龄：10岁
学校：东城区回民小学
班级：五年级三班

华夏科技小档案：

我发现的中国古代科技发明创造的名称是：木牛流马

这项华夏科技被我发现的地点是：军事博物馆

当时周围的天气温度是这样的：天气晴朗室温在20度左右

特工发现：

我觉得这项华夏科技很神奇很厉害，因为：在当时落后的科技水平背景下，能够发明木牛流马，用以帮助人们运输重物，并且运输重量能够在400斤以上，用一个人就可以实现轻松操作，非常地了不起

木牛流马　北京市东城区回民小学　王子程

华夏科技小特工
科学笔记

📋 特工小档案

姓名：宋佳福   年龄：8岁   班级：二(4)班

学校：北京市第一七一中学附属青年湖小学

📖 华夏科技小档案

我发现的中国古代科技发明创造的名字是：抛石机

这项华夏科技被我发现的地点是：中国人民革命军事博物馆·中国历代军事陈列

这项华夏科技被我关注的时间是：2019年2月7日 星期四

当时周围的天气、温度是：多云，室外 -9~2℃，南风3-4级

👁 特工发现

我觉得这项华夏科技很神奇、很厉害，因为：

冷兵器时代，抛石机的作战优势不亚于火炮在近代战争中的作用。它在我国近代战争活跃了两千余年，其广泛应用改变了古代战争的作战面貌，促进了古代兵器技术的进步。

宋代，炮的射击瞄准方法由直接瞄准法变为间接瞄准法，这是世界炮兵史上一项伟大创举，西方人直到近代才懂得使用，而我们的祖先早在800多年前，就成功地创造了并使用这种方法，简直所向披靡！

1

抛石机　北京市第一七一中学附属青年湖小学　宋佳福

219

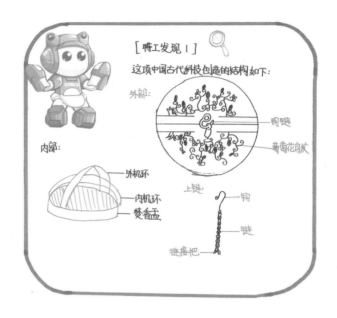

葡萄花鸟纹银香囊　北京市东城区史家胡同小学　文梦恬

华夏科技小特工科学笔记

[特工小档案]

姓名: 曾熙滢

年龄: 12

学校: 北京市二十二中

班级: 初一.五

[华夏科技小档案]

我发现的中国古代科技发明创造的名称是: 水密隔舱

这项华夏科技被我发现的地点是: 历史书

当时周围的天气、温度是这样的: 阴.10°

[特工发现]

我觉得这项华夏科技很神奇、很厉害, 因为:

水密隔舱是中国造船史上的一项重要发明, 其原理是用隔舱板将船舱分成若干个互不相通的独立船舱, 当船船发生触礁、碰撞等造成船壳破损时, 即使某一船舱破裂进水, 也不致于波及其它船舱, 从而提高船舶的抗沉性. 在中国古代海船的水密隔舱壁上, 正中线的下端还会留有圆孔或方形的小孔, 这种流水孔是为了便船的舱板水能流通, 让水积于船舱的最低部位, 便于排水, 增加安全性能.

水密隔舱

现的轮船中的水密隔舱

船只整体

探究和思考: 船上分舱, 可以方便装卸货物, 管理货物. 由于隔舱板与船壳板紧密钉合, 增加了船体的横向强度, 取代了加设的肋骨的工艺, 具有加固船体的作用. 由于具有很多项优点, 水密隔舱问世后大受欢迎, 历久不衰. 不但在中国历代相传, 而且在近代还被各国所用, 至今仍是船舶中的重要构件.

[特工感言]

中国古代有许多伟大的发明, 不但起用至今, 还为我们的生活增添了许多便利. 我们应该多去发现中国那些有趣的发明, 并去多探究思考, 将它们代入到更多领域.

侦探笔记集萃

我不仅看到了这项华夏科技，我还做了进一步的探究和思考：

原来，算盘在演变过程中，还出现了很多种类，有很多用途，有一种圆柱形的，因为它的稳定性，所以多用于农村收租时，放在地上，不会倒。

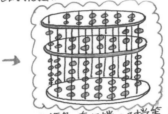

还有一种很长的算盘，有17档、27档等，用于大额计算。

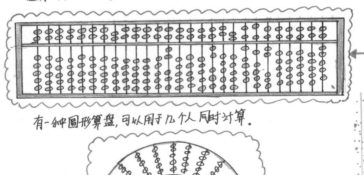

有一种圆形算盘，可以用于几个人同时计算。

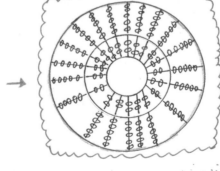

算盘　北京市东城区史家胡同小学　韩溪

算盘　北京市第一七一中学附属青年湖小学　胡博雅

算盘　北京市第二十二中学　李欣祺

华夏科技——算盘

姓名 张煊若
年龄:10岁
学校:史家胡同小学
班级:四年级十二班

中国古代科技发明创造:算盘
这项华夏科技的发现地点:美国旧金山硅谷的计算机博物馆
天气:晴天　温度:9.5°

我觉得这项华夏科技很神奇很厉害,因为算盘的运算能力很强,只要还有指法和口诀算盘就可以算加减乘除就连开方都能算,只要口诀背得熟就能算得很快。算盘算得很准确,使用算盘很方便。算盘的运算能力和速度推动了华夏科技的发展,计算机的前身算盘提高了人们的生活水平,加快了古代农业的发展。

我不仅看到了这项华夏科技,我还做了进一步的探究和思考:算盘的四周叫框,中间的横条是梁,竖着的小棒叫做挡,算盘上的珠子是算珠。我觉得算盘之所以被西方的计算机超越了,是因为算盘还是不够方便,算盘里的珠还是要让人拨,不能自己动。而且,而中文很适合去编口诀。而外语不好编口诀,如果编出口诀了,也不好背。

上珠　档　梁　算珠　下珠

算盘　北京市东城区史家胡同小学　张煊若(1)

这项华夏科技不仅在古代很厉害,它在现代还有应用:银行柜员就要用算盘,因为银行柜面工作比较特殊,这种情况下算盘更好用。况且,用算盘可以提高心算能力,加强手脑之间的协调能力,当我们学珠心算的时候就是从算盘开始的。最后,算盘又节能,又环保。

东汉时期算盘出现了

2008年,珠算被列为第二批国家级非物质文化遗产

2013年,珠算被正式列入联合国教科文组织非物质文化遗产名录

计算机

算尺

算盘

算筹

特工感言

虽然西方人更喜欢用计算机,但是这并不代表中国人会忘记算盘。计算机的出现让人们不愿意去动脑,算盘是一个伟大的发明,它的出现表明着中国科学和数学的成熟。2008年,算盘和珠算被评为非物质文化遗产。中国的算盘被美国硅谷的计算机博物馆展示出来,说明算盘是计算机的前身。

算盘　北京市东城区史家胡同小学　张煊若(2)

青少年眼中的中国古代科技

特工发现

我觉得这项华夏科技 **很神奇、很厉害：**

阳燧是中国古人在3000年前的西周时期发明的一种利用太阳光取火的工具。在阳燧发明之前人们基本延续钻木取火的阶段效率低，取材有限。阳燧的出现对古代人们的日常生活起到了很大的改善作用，因此被认为是中国继火药、指南针、造纸术加活字印刷术四大古代发明之后的第五大发明，是古代祖先留给我们的一项非常有意义的文化遗产。

阳燧取火的原理：

阳燧是一个球面形内凹的青铜器，直径大约在6—10厘米，当用它对着阳光时，射入阳燧凹面的全部阳光被球面形凹面聚焦到焦点上使焦点上的温度快速上升，最终点烧艾草等易燃物，完成取火。

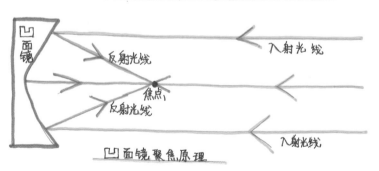

凹面镜聚焦原理

②

阳燧　北京市东城区前门小学　吴雨彤

华夏科技小特工

青少年眼中的中国古代科技

特工小档案
姓名：齐娅莎
年龄：10
学校：崇文小学
班级：四.（4）

华夏科技小档案
我发现的中国古代科技发明创造的名字是："样式雷"烫样
发现的地方是：故宫
当时周围的温度是：0摄氏度

1. 特工发现

我觉得这项华夏科技很神奇、很厉害，因为"样式雷"烫样建设了圆明园、颐和园、万春园、北海、中海、南海、故宫、景山、天坛、清东西陵、承德避暑山庄等处，而且翻建全都靠烫样。

烫样是用纸张、秫秸、木头等加工制作的。制作烫样的工具除裁刀、剪子、毛笔、腊板等工具外，还有特制的小型烙铁，因而得名"烫样"。先把高丽纸的一面刷上水，贴在一块备板上，另一面涂上水胶，然后把元书纸、麻呈文纸等也涂上水胶，一层层地贴在高丽板上。晾干后就形成了一种较硬的纸板。制作屋顶要先把高丽纸贴在胎板上，然后用两层麻呈文纸和两层文昌纸粘在高丽纸上。瓦垄的制作方法是先用湿手中把线香包起来。等到线香变软时，涂上水胶，再粘到屋顶上，然后盖上一层涂上水胶的高丽纸，最后用小烙铁反复熨烫，然后就形成了烫样。

2. 我的思考和探究

"样式雷"烫样有两种类型：一种是单座建筑烫样；一种是组群建筑烫样。单座建筑烫样，主要表现拟盖的单座建筑的情况，全面地反映单座建筑形式、色彩、材料和各类尺寸数据。组群建筑烫样，多以一个院落或是一个景区为单位，除表现单座建筑之外，还表现建筑组群的布局和周围环境的布置情况。

烫样按需要分为五分样、寸样、二寸、四寸以至五寸样等数种。五分样是指烫样的实际尺寸为五分相当于建筑实物的一丈。寸样指每一寸作一丈。二寸样为五十分之一比尺。是中国古建筑特有的产物，是为了给皇上御览而制造的。

3. 特工感言

我的感悟和收获：
烫样真神奇。它的制作过程比较复杂，内部结构十分精细，一点都不马虎，甚至内部结构比外部结构还精细，并且可以拆开，让内外结构都一目了然。圆明园、颐和园、万春园、北海、中海、南海、故宫、景山、天坛、清东西陵、承德避暑山庄等处的翻建全凭着烫样。还有一些地方（如圆明园），现在虽然已经不存在，但烫样依然在向我们展示它往日的辉煌。

样式雷烫样　北京市崇文小学　齐娅莎

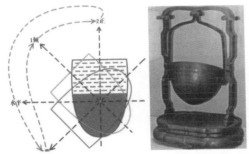

这项华夏科技不仅在古代很厉害，在现代还有应用：在偏远地方，没有监控，所以动物在农场随意破坏也没人知晓，哪里人们就运用欹器，在水装满时，杯子向下，敲击地面，发出响声，赶走动物，提高植物产量。

【特工感言】

Ladys and gentlemen，我是华夏科技小特工，通过这次活动，我要发表我的感想和收获啦：

通过这次活动使我知道了一个古代劳动人民的智慧，通过这个智慧也使我看到做人的道理，同时也学到了物理关于重力与重心的知识，开阔了视野，学习到了知识。

欹器　北京市东城区前门小学　曹景彬

226

我是华夏科技小特工

我觉得古人有着充满智慧、想像的大脑，有很多文物值得现代人去学习。因为古代人的大脑比现代人都好。以前我总觉得古代人特别落后，什么都不如现在，但是我去完科技馆，改变了我对古代人的看法。因为古代有好多现在都建不出来，那古代人得多聪明。所以，我有点小崇拜了古代人的建造。

感 悟

探究思考

这个物件叫"长信宫灯"是因为长信宫灯出土于河北满城西汉中山靖王刘胜正妻窦绾墓。其通体金黄，形状为一跪坐的宫女手持宫灯，因灯上刻长信宫字样，所以故名"长信宫灯"。

我觉得古代人很聪明，他们造的这个东西，如果不看这件物品现代人也想不出来这么神奇的想法。所以我很佩服古代人的想法，还有他们的聪明的大脑。所以我觉得有点接近现代化了。

神奇历害之处

它神奇是因为它的外形奇特，甚至比现代都好看、实用。而且造形独特，很有风格，有特点。在脑海里一闪而过，但对它也有印象。这就说明，它超特风格，都很有特点。它那个放煤油的地方，那个小屋，造形个性。不像大多数古代的灯剧里看到到的那样，都差不多。而这个像个小屋，像门的那个是放煤用的。下面是排气的，再下面的是手柄。所以它很神奇。

它历害是因为古代人聪明。因为现在的灯都是电灯炮，最关键是外形，都是混合物质材料，而且去看没有混合物的。但也很好看，不会腐烂，不会很容易碎了。我评价它是，好看、实用、不腐烂。所以古代人很聪明。

长信宫灯　曲安然

中国科学技术馆工程建筑造型新颖，风格简约，整座建筑呈现为一个巨型班驳构成的巨型魔方。

中国科技技馆展厅设计主要内容包括生命和环境，声、光与信息技术，能源与交通，材料与制造技术等各学科不同领域的展品。500余项，并陈列了中国古代科技成就展览的400项。

长信宫灯出土于河北满城西汉中山靖王刘胜之妻窦绾墓。其通体鎏金，又对我说跪坐宫女和信信持优雅。灯身通高48厘米，重15.85公斤。

长信宫灯设计十分巧妙。宫女一手执灯，另一手袖似底口，灯光，实力红管，用以吸收灯烟。既防止了空气污染，又有审美价值。此宫灯因曾放置于窦太后长信宫内而得名，现藏于河北博物馆。

长信宫灯　贾莹莹

227

长信宫灯原理草图

我不仅看到了这项华夏科技,我还做了进一步的探索和思考:

　　考古人员发现,灯的底部有一个洞,所以有一种说法是不能盛水过滤油烟。这引起了我的思考,我觉得这个洞不像是设计出来的,因为这样不仅不能过滤油烟,还会漏出油烟。那会不会是磨损出来的洞呢?还有一种可能性,这个洞的确一开始就存在,但是用塞子堵住,就可以过滤油烟。用了一天的灯,内部的水一定有些脏了,把塞子拔下来,就可以倒掉脏水,并清洁灯的内部。也许,这依然是个谜,等待人们进一步探究……

长信宫灯　北京市东城区史家胡同小学　周叙宏

科学笔记

日期：2019.2.18 天气：晴 气温：-5℃ 地点：民俗文化区域图书馆 介绍对象：走马灯

外形及特征　丁文茜

走马灯是中国特色工艺品，亦是传统文化之一。由毛竹编织成马头、马尾，再在身上糊上颜色鲜艳的纸，如今已由丝绸取代。在过去走马灯一般在春节等喜庆的日子里才表演，由十二位小孩来表演，边跳边唱，根据快慢形成不同的阵势，有非常喜庆的寓意，比如：丁财两旺、五谷丰登、家庭和美幸福等，这里面也蕴含这许多知识呢！

工作原理介绍

细心思考♡
仔细观察

走马灯

过走马灯的运行原理大家知道吗？
我来给大家讲解吧！灯内放着蜡烛，
将灯内蜡烛点燃，烛所产生的气
流，气流向上，在上方有轮轴，可令着
轴轮转动，在轮轴上有剪纸，最
多的还是马，烛光将剪纸投射在
屏上，图像在上面不断地走动着，
而灯转起来之后好像几个人你
追我赶一样，所以故名走马灯。走
马灯还有很多别称，比如：仙音
烛、马骑灯、转鹭灯、蟠螭灯等。

特工感言

中国科技只有你想不到，来没有是他做不到，就连一个过节的小投影灯笼——走马灯，都蕴含着如此之多的科学奥秘今科学知识呢！本特工真心希望大家可以走进博物馆、图书馆去了解学习过这些有关方面的知识，希望同学们也能像本特工一样，成为华夏科技的小小代言人。

走马灯　丁文茜

华夏科技小特工
科学笔记

【特工小档案】
姓名：孙明涵
年龄：16
学校：北京市第二十二中学
班级：高二（5）班．

【华夏科技小档案】
我发现的中国古代科技发明创造的名字是：走马灯．
这项发明被我发现的地点是：中国科学技术馆．
当时周围的天气、温度是这样的：天气闷热、天空灰暗、有雾霾．

【特工发现】
我觉得这项华夏科技很神奇、很厉害．因为：走马灯是中国特色工艺品，常见于除夕、元宵、中秋等节日．在过去，走马灯一般在春节等喜庆的日子里才表演，由二十来位11～14岁的小孩组成，边跳边唱，根据节奏快慢形成不同阵势，有喜庆、丁财两旺、五谷丰登的寓意．公元1000年左右，汉人就创造了走马灯．许多古籍都有关于走马灯的记述．
我不仅看到了这项华夏科技，我还做了进一步的探究和思考：走马灯灯内点上蜡烛，烛产生的热力造成气流，令轮轴转动．轮轴上有剪纸，烛光将剪纸的影投射在屏上，图像便不断走动．因为在灯各个面上绘制古代武将骑马的图画，而灯转动时看起来好像几个人你追我赶一样，故名走马灯．走马内的蜡烛需要切成小段，放入走马灯时要放正，切勿斜放．

【特工感言】
ladies and gentlemen，通过这次活动，我要发表我的感悟和收获：这次活动让我对中国古代的科技水平有了更进一步的了解，不仅如此我还学动了许多有关历史、物理和化学方面的知识．或许有很多人认为那些古代科技发明都没有什么实用性，但他们恰好错了，现代的许多东西制造原理都是源于古代发明，比如现代燃气涡轮工作原理就是走马灯的应用．所以多了解华夏科技对于我来讲还是有很大帮助的．

走马灯　北京市第二十二中学　孙明涵

青少年眼中的中国古代科技

走马灯

　　我不仅看到了这项科技,明白了它的原理,我还做了进一步思考。如果用蜡烛有可能造成安全隐患。但是,如果不用蜡烛,该用什么作为动力呢?经过探究,有些地方曾用白炽灯替代蜡烛。不过,白炽灯虽然可以产生热空气推动顶部叶轮,但由于绝大部分电能都是以热能的形式散失了,所以发光微弱。随着科技的与时渐进,白炽灯慢慢地被淘汰了,可是新一代节能光源产热很少,因此作"走马灯"热源就不大合适了。现代工艺的走马灯内有小型电机,只要通电灯屏上就可以看见人马追逐。

　　这项华夏科技不仅在古代很高科技,它在现代也有应用。 涡轮风扇发动机就是利用走马灯空气对流的原理制作而成,对于经济、军事做出了很大贡献。

感悟与收获

走马灯虽然只是一种灯笼,但是却费了我国古代劳动人民许多心血,更见证了中国人的智慧。我也受益匪浅,再次巩固了科学课上学的空气对流原理,并且通过搜查资料感受到了科技发展的飞速。

走马灯　北京市第一七一中学附属青年湖小学　唐一涵

[特工发现]

我觉得这项华夏科技很神奇，因为：

我看到走马灯无风自转，在灯的里面只有根蜡烛在燃烧，可就是这根燃烧的蜡烛，竟然使灯里的图案转了起来。看起来十分美丽，而我也产生了疑问：为什么走马灯只需要一根燃烧的蜡烛就能使灯中的图案转起来呢？这其中到底有什么奥秘呢？

我不仅看到了这项华夏科技，我还做了进一步的探究和思考：

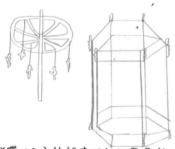

走马灯的构造是在一根立轴上部横装一个斜翼系统和叶轮，立轴下端附近则装一盏灯或一支蜡烛。灯（或蜡烛）点燃后，上方空气受热膨胀，密度降低，热空气上升，而冷空气由下方进入补充，产生空气对流，从而推动叶轮旋转，并带动与立轴相连的各种图像转动。

这项华夏科技不仅在古代很厉害，它在现代还有应用：

走马灯的原理与现代燃气机的原理是一样的。

更多内容见下页
└→ (2/3)

走马灯　北京市第二十二中学第二十一中学联盟校　谢茜雯

"东城区青少年探秘中国古代科技发明创造"科普实践活动是北京市东城区青少年科技馆深入贯彻落实十九大精神，在科学实践与传统文化有效结合方面做出的有益尝试，是具有鲜明区域特色的科学实践类活动。

本书主要针对小学中、高年级学段的学生编写，可作为小学科学、品社、综合实践等课程的学习拓展材料，也可供小学教师专业发展培训之用，还可供科学教育研究人员参考。希望借助此书的出版，联合更多有识之士共同为青少年科技教育舔砖加瓦。

本书亦是集体智慧的结晶！东城区20多所学校的教师和学生参与了本书的编辑出版工作。在此，还要特别感谢北京科技报社对书稿的指导。此外，本书还得到了东城区科学技术和信息化局的经费资助，在此一并表示感谢。

当我们看到中国古人如何运用智慧一步步改善他们的生活时，会产生一种共鸣：任何时代，创造力都能改变生活。